# 创新在闪光

## FLASH INNOVATION

（2021年卷）

北京市科学技术奖励工作办公室 编

北京理工大学出版社
BEIJING INSTITUTE OF TECHNOLOGY PRESS

版权专有　侵权必究

### 图书在版编目（CIP）数据

创新在闪光 . 2021 年卷 / 北京市科学技术奖励工作办公室编 . -- 北京：北京理工大学出版社，2024.1
ISBN 978-7-5763-3085-4

Ⅰ . ①创… Ⅱ . ①北… Ⅲ . ①科学研究事业－发展－研究－北京－ 2021 Ⅳ . ① G322.71

中国国家版本馆 CIP 数据核字 (2023) 第 215506 号

---

| | | | | |
|---|---|---|---|---|
| **责任编辑**：徐艳君 | | **文案编辑**：徐艳君 | | |
| **责任校对**：刘亚男 | | **责任印制**：施胜娟 | | |

出版发行 / 北京理工大学出版社有限责任公司
社　　址 / 北京市丰台区四合庄路 6 号
邮　　编 / 100070
电　　话 /（010）68944451（大众售后服务热线）
　　　　　（010）68912824（大众售后服务热线）
网　　址 / http://www.bitpress.com.cn

版 印 次 / 2024 年 1 月第 1 版第 1 次印刷
印　　刷 / 唐山富达印务有限公司
开　　本 / 710 mm × 1000 mm　1/16
印　　张 / 13.75
字　　数 / 214 千字
定　　价 / 78.00 元

图书出现印装质量问题，请拨打售后服务热线，负责调换

# 前言

## 立足新起点
## 为实现高水平科技自立自强贡献"北京力量"

近年来，首都科技工作者胸怀"国之大者"，坚持"四个面向"，奋发投身国际科技创新中心建设，不断向科学的广度和深度进军，涌现出一批标志性成果。在 2021 年度北京市科学技术奖的获奖成果中，众多科技人才或在科学研究中取得重大发现，推动科技进步和社会发展，或在关键核心技术研发中取得重大突破，创造了经济社会效益或生态环境效益。

获奖成果在高能天体物理、动力电池、高温超导、纳米药物等基础研究领域取得多项原创性突破，其中既有聚焦科学问题、勇攀科学高峰的自由探索类成果，也有面向产业发展、突破核心技术的目标导向类成果。例如，"黑洞搜寻与吸积物理研究"项目在黑洞的发现测量、吸积辐射与喷流三个基本问题上取得新突破，获得了对黑洞的新认知，并基于我国重大科技基础设施郭守敬望远镜，利用视向速度方法在银河系内发现大质量恒星级黑洞，为天文学发展作出积极贡献。"钠离子电池层状氧化物材料构效关系研究"项目发现了 $Cu^{3+}/Cu^{2+}$ 氧化还原电对在含钠层状氧化物中具有电化学活性，并开发出低成本、环境友好、实用化的钠离子铜基层状氧化物正极材料，建成千吨级生产线，在微型电动车、储能电站实现示范应用。

获奖成果中高精尖产业领域的成果有 168 项，占比 88%。超级计算、人工智能、大数据等方向一批成果实现了产业化应用，为首都高精尖产业发展提供了有力支撑。例如，"面向复杂交通场景的自动驾驶系统研发及产业化"

项目突破复杂交通场景环境感知、智能决策规划与控制等关键技术，自主研发出面向大规模商业应用的自动驾驶系统，推出"萝卜快跑""阿波龙二代"等产品，并在自动驾驶出租车、园区车、公交车等领域实现规模化应用。

获奖成果应用于北京冬奥会和冬残奥会、碳达峰碳中和、航空航天等重大工程和重大战略，在服务国家重大需求方面作出了北京贡献。例如，"大型二氧化碳制冷及其跨临界全热回收关键技术与应用"项目构建了跨临界$CO_2$直膨制冷、制冰及全热回收和新型$CO_2$复叠式大型制冷系统，成功应用于北京冬奥会国家速滑馆、国家冰上训练中心，打造了奥运史上"最快"冰面。"京张高铁复杂敏感环境地下站隧智能化建造关键技术与应用"项目解决了文环保区超大体量地下站隧与多敏源环境大盾构隧道智能建造难题，建成了首条智能高铁示范线（京张高铁），为北京冬奥会交通运输服务提供了保障。

获奖成果涵盖心脏移植、人工角膜、生殖医学等医疗技术，以及智能生活、绿色环保等民生保障技术，释放科技创新红利，为人民的幸福生活提供有力支撑。例如，"超高清沉浸式视频制播技术创新及应用"项目构建了5G+4K+AI超高清视频制播体系，提供了云观众、云包厢、远程解说、8K超大屏等超高清互动沉浸式服务能力，满足了超高清视频远程制作生产及广大用户互动娱乐需求。"面向实体零售商品流通业务的数字化技术及应用"项目打造商品从生产到消费的全流程数字化、在线化的监控和管理能力，升级零售产业结构，打造智慧门店，为用户提供了到店、到家、到社区的新型消费体验，提升了零售业的运营效率及客户满意度。

# 目 录

## 筑牢基础研究根基

- **3** 探寻黑洞的踪迹与奥秘
- **9** 冉冉升起的"钠离子电池"新星
  照亮新能源领域重要技术路线
- **15** 创新癌症治疗技术
  开拓纳米材料亚细胞效应领域新业态
- **20** 受"莼菜黏液"启迪
  超低摩擦技术助力"双碳"加速实现
- **26** 面向未来芯片
  超越硅基极限
- **32** 看不懂肢体暗示的人
  可能跟自闭症有关吗？
- **39** 拨开大脑迷雾
  抑郁症患者迎来新的春天

# 目录

## 服务国家重大需求

**47** 小小芯片让卫星定位进入寻常百姓家

**51** 增强收发导航信号能力
　　让时空服务更加精准可靠

**57** 中国天眼：观天巨目，世界之最

**63** 疏通新能源电力经络
　　为大电网"强筋健骨"

**69** 大型二氧化碳制冷及其跨临界
　　全热回收关键技术与应用

**75** 百年京张脱胎换骨
　　智能建造领跑世界

**81** 太空中的顺风耳与千里眼
　　——你所不知道的"东方红五号"

**87** 让固体氢能源走进"便利店"

**93** 新基建，新未来
　　——从北京冬奥看智能建造

# 目录

## 推动高精尖产业发展

**101** 打造"千里眼"的非结构光场智能成像技术

**107** 新技术让电子屏画面"如临其境"

**111** 智能信息技术
让大尺寸 3D 打印成为可能

**117** 高分辨率轻型敏捷相机技术
让遥感卫星"明察秋毫"

**123** 专研数字科技
赋能大国重器

**129** 打造专业领域的"智能化引擎"

**133** "数字人"走进大众生活

**137** 新型软磁材料
练就新能源汽车的"强健心脏"

**145** 装备制造新工艺
为新能源汽车插上翅膀

**151** 一分钟读懂眼底图像
让健康无处不在

**157** 能源新技术让汽车充电更安全便捷

**161** 精细化智能无人驾驶
助力区域物流提质增效

# 目录

## 创造人民美好生活

**169** 畅想未来出行
自动驾驶"驶"入生活

**175** 无需开胸和全麻
为老年人嵌入崭新的"心"门

**181** 新病毒来袭?别怕,我来悄悄保护你

**187** 超高清沉浸式视频制播
让"虚拟在线"成为"现实触碰"

**193** 为实体零售业升级
输送"多点"工具集

**199** 让餐厨垃圾变废为宝的"神奇工厂"

**205** 给"胖娃娃"分类分层
精准识别代谢高风险儿童

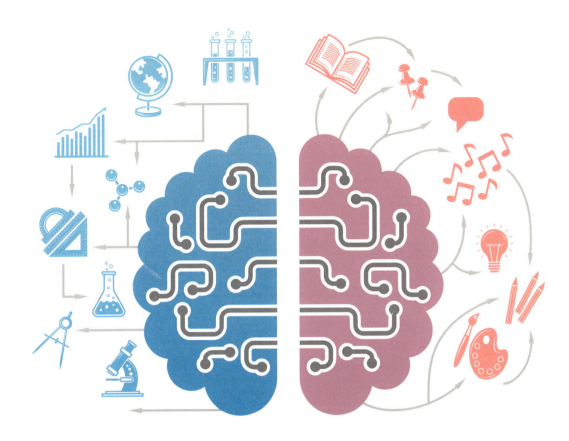

# 2021年
北京市科学技术奖获奖项目

**FLASH INNOVATION**
创新在闪光（2021年卷）

# 筑牢基础研究根基

# 探寻黑洞的踪迹与奥秘

撰文 / 段然

黑洞可以算是宇宙中最具有神秘色彩的天体了。它本身不发光、密度又非常之大，这种神秘天体具有超强吸引力，任何物质，包括速度最快的光也无法从它身边逃离。也因为这一特点，黑洞根本无法被人类直接观测到，它在1916年首次被德国天文学家卡尔·史瓦西通过一系列复杂计算确认。虽然天文学界早已确认了黑洞在宇宙中的广泛存在，但这个寰宇中的隐士，却长期只存在于天文学家的运算纸稿之间，一直不愿显露其庐山真面目。

近年来，随着天体物理学的不断突破与人类观测手段的迭代更新，笼罩在黑洞身上的神秘面纱正一点点被天文学家剥离开，2019年4月10日，事件视界望远镜 (EHT) 甚至直接公布了人类首张黑洞照片，让人类第一次看到了黑洞的真面目。但人类对黑洞的了解依然极为有限，很多关于黑洞的关键性问题依然悬而未决。

2021年，由中科院国家天文台研究员刘继峰带领的研究团队，在"黑洞搜寻与吸积物理研究"这一项目中斩获了丰硕成果，在对黑洞的发现测量、吸积辐射与喷流这三个基本问题上取得了重大突破，从而形成了对黑洞的系统性认知，极大拓展了人类对黑洞的研究边界。这一系列成果荣获2021年度北京市科学技术奖自然科学奖一等奖。

### 宇宙中并不孤独的"隐士"

在刘继峰看来，黑洞这样的神秘天体其实是蕴含着海量科学财富的宝库，"黑洞为天文学家提供了揭示世界本质的一条捷径。要发展物理学理论，就需要将理论向极端环境中去延伸、去经受检验——黑洞恰好为我们提供了这样一个极端的环境！"刘继峰解释道。

黑洞（艺术想象图）

黑洞在宇宙中是普遍存在的。根据质量的不同，黑洞一般分为恒星级黑洞、中等质量黑洞和超大质量黑洞。天文学家长期的观测表明，宇宙中大部分星系中心都存在一个质量在太阳几十万到几十亿倍的超大质量黑洞，而每个星系中都存在几千万个恒星级质量的黑洞。

如此超大质量的黑洞，对于周遭物质的引力作用是惊人的，这就引出了一个核心概念——黑洞吸积。所谓黑洞吸积，就是指黑洞周围的气体在黑洞引力的作用下向黑洞下落的物理过程。"我们要研究黑洞是如何'吞噬'外界的物质，并在'吞噬'时表现出什么现象。这种'吞噬'其实就是一种非常深的引力势阱。"刘继峰介绍道，"这一过程中，引力势能转换成动能，被吸入的气体经过摩擦转换成热能，会释放出很强的辐射——这是一个非常复杂的过程。我们要做的就是将这一过程中的细微之处搞清楚。"

别看"黑洞吸积"这个概念晦涩难懂，实际上，天体物理学发展到现在，很多重要分支都是以黑洞吸积作为理论基础的，包括活动星系核、伽马射线暴、黑洞X射线双星、黑洞对恒星的潮汐撕裂事件等。因此研究黑洞吸积是理解这些研究对象的关键。"另一方面，黑洞周围存在极端的物理条件，强引力、强磁场、高温度、高密度等对于我们深入了解天体间基本的物理规律意义重大。"刘继峰强调道。同时，星系中心的超大质量黑洞吸积导致的物质和能力与主星系中气体的相互作用，还能为我们揭示更多的星系形成演化的关键物理过程。

目前黑洞吸积理论体系已经比较成熟和丰富，主要研究内容包括吸积的动力学、辐射、喷流的产生、加速、准直、风的产生以及物理性质等内容。研究黑洞吸积涉及的物理工具包括流体、磁流体动力学、辐射物理、等离子体物理、广义和狭义相对论等。按照黑洞吸积流的温度划分，黑洞吸积又可分为冷吸积模型和热吸积模型两大类。

当然，要对黑洞吸积现象进行深入剖析，首先要确确实实地找到一个黑洞，但有趣的是，寻找黑洞却也要反过来借助吸积现象的基本原理。黑洞最大的特点之一就是密度出奇的大。"把10倍于太阳质量的恒星，压缩到直径为北京六环大小的球体中，得到的密度就相当于黑洞。"刘继峰这样比喻道，"因为其超强的引力，导致包括光在内的物质都无法逃离。"也因此造成黑洞本身不发光的特征。目前人类总共发现了约20个黑洞，但根据理论推测，单单是银河系中就应该存在上亿颗恒星级黑洞，在浩渺的天际，寻找这样一个不会发光的黑暗隐士，无异于大海捞针！

最传统的办法，是利用吸积效应去捕捉黑洞的蛛丝马迹。黑洞虽然本身不发光，但如果某个黑洞恰好与一颗正常恒星组成一个双星系统，那它就会露出它的恐怖面孔，用强大的引力将这颗倒霉伴星的气态物质源源不断地吸过来——这其实就是一种黑洞吸积现象。"这样就会形成吸积盘，并发出明亮的X射线。"刘继峰解释道，"这些X射线为天文学家提供了黑洞的珍贵线索。"

## 黑洞质量几何？

除了寻觅黑洞的踪迹，对黑洞进行质量测算，将黑洞置于人类的"天平"上称一称有多重，对于进一步认识黑洞的本质是具有重大意义的。然而，如何确定这个黑洞的质量，在相当长的时间里一直是个世界性的难题。

根据上文提到的黑洞吸积理论，遥远星系中闪耀的X射线极亮天体中往往存在一个黑洞。自20世纪90年代以来，天文学家在距离地球几千万光年的遥远星系中发现了一批X射线光度极高的天体。对于这些天体中黑洞的大小，科学界有两种假说：一种假说认为，这种黑洞的质量比太阳大100~1000倍，是中等质量黑洞；"另一种假说认为，这种黑洞是拥有更高辐射效率的恒星质量黑洞。"刘继峰介绍道。但

20多年来，因为技术难度太大，始终没有人能给出答案。因为这种天体中心黑洞质量的精确测量具有极为重要的科学意义和深远的影响，所以它成为学界研究的焦点，被誉为X射线极亮源研究领域的"圣杯"。

对黑洞质量测算这一难题的攻关，就需要借助国际天文学界的力量共同努力了。刘继峰领衔了一个国际团队，开始了对黑洞质量的测算。刘继峰与他的国际同事们选择了位于大熊座的M101星系作为研究对象，这个星系拥有一颗X射线极亮天体（即M101 ULX-1），天体中心是一个黑洞。"我们原先猜测，这个黑洞很可能是中等质量黑洞。"刘继峰说。

那么具体该如何测算呢？刘继峰的科研团队利用世界级的大口径望远镜，对这个X射线极亮源进行了光谱监测研究，他们发现，这个双星系统位于2200万光年之外（也是迄今为止发现的距离地球最遥远的黑洞双星），经过复杂的动力学质量测算，测量结果显示：它只是恒星质量黑洞，质量至少是太阳的5倍——这是人类首次（也是迄今为止唯一一次）对X射线极亮源中黑洞进行动力学质量测量。同时，这次观测还意外发现，这个黑洞双星系统的X射线辐射特征与现今任何现有的吸积盘模型相悖，与人们现有的关于黑洞吸积认知是相抵触的。刘继峰及其团队的这一研究成果，表明黑洞的经典理论模型存在不小的漏洞，急需在理论层面予以补充和修正。这一震动整个天文学界的研究成果被《自然》杂志列为新闻头条，国际天文学界甚至称这一研究成果"夺取了黑洞质量测算这一领域的圣杯"！

此后不久，刘继峰的团队再接再厉，首次在黑洞超软谱态下发现相对论性重子物质喷流。所谓喷流，就是黑洞在吸积过程中有时会向垂直吸积盘的两个方向喷射物质的天文现象。而喷流速度可与光速比拟的相对论喷流，其形成机制是天文学界多年来未攻克的难题。在银河系中，人们发现了具有相对论喷流的天体，被称为微类星体，它们绝大部分都有强X射线辐射，其辐射内含有大量光子能量超高的硬X射线光子。"与微类星体不同，极亮超软X射线源中的黑体温度相对较低，在现有的黑洞吸积模型中无法产生相对论喷流，其物理本质也是学界长期以来的难题。"刘继峰介绍道。

刘继峰团队利用西班牙加那利大型望远镜和美国凯克望远镜，对千万光年外的漩涡星系M81中的极亮超软X射线进行了光谱检测研究，首次发现其光谱中具有高

黑洞的引力透镜效应（艺术想象图）

度蓝移的氢元素发射线，从而揭示系统中存在速度达到光速 1/5 的相对论喷流。这就打破了天文学家以往在射线超软状态下没有相对论喷流的传统认知，为人们理解黑洞吸积与喷流形成打开了全新的窗口。这一成果同样入选《自然》杂志。

**来自中国科学家的探索方案**

传统的黑洞探测方法局限是非常明显的：一旦黑洞与伴星相距较远时，黑洞就又会收敛起所有的锋芒，退回到原来的"隐士"状态。这种状态被称为"无或弱吸积辐射"，在这种情况下该如何搜索呢？

刘继峰团队已经给出了自己的答案。2019 年，依托我国自主研制的国家重大科技基础设施郭守敬望远镜（LAMOST），刘继峰的研究团队利用视向速度法，发现了一颗大质量的恒星级黑洞，并提供了一种利用 LAMOST 巡天优势寻找黑洞的新方法。而刘继峰团队是如何做到这一点的呢？

早在 2016 年，他们就提出利用我国的国家重大科技基础设施郭守敬望远镜（LAMOST）观测双星光谱、开展双星系统的研究计划，并选择 3000 多个天体准备进行长达两年的光谱监测。在对这些天体进行集中观测时，刘继峰及其同事发现了一颗极不寻常的恒星。这是一颗光谱型为 B 的恒星，它总是围绕一个天体做周期性运动，其不一样的光谱特征表明，它极有可能存在一个黑洞。

为了搞清楚这颗特殊恒星背后的真相，他们通过西班牙 10.4 米口径加纳利大型望远镜的 21 次观测，以及美国 10 米口径凯克望远镜的 7 次高分辨率观测，确认了这个双星系统的光谱性质：B 型星质量约为太阳的 8 倍，距离地球 1.4 万光年，而在那个方向上存在的神秘天体，质量约为太阳的 70 倍。光学谱线比红外谱线更易受恒星影响，因此利用 LAMOST 光学数据得到的结果误差可能相对较大。为进一步确认这个双星系统的性质，刘继峰带领国际团队利用西班牙卡拉阿托天文台的 3.5 米望远镜进行了 3 个月高频次的高分辨率红外光谱监测，最终确认该不可见天体为 20~40 倍太阳质量的大质量恒星级黑洞。这个黑洞超过了高金属丰度恒星形成黑洞的理论上限，对现有恒星演化和黑洞形成理论提出了挑战，激发了关于大质量恒星形成黑洞这一物理过程的广泛讨论。"这一发现意味着有关恒星演化形成黑洞的理论可能将被'改写'，或者还有某种黑洞形成机制被人们忽视了。"刘继峰如此评价道。而为了纪念 LAMOST 在发现这个巨大恒星级黑洞上作出的贡献，天文学家给这个包含黑洞的双星系统命名为 LB-1。2019 年 11 月国际顶尖科学期刊《自然》在线发布了我国天文学家主导的这项重大发现！

由于 LAMOST 能够非常高效地同时获得数千恒星光谱，从而获得其视线方向的运动性质，所以非常适合搜寻处于宁静态的黑洞等致密天体。当谈起对以后观测的预期时，刘继峰这样说道："在目前正进行的观测计划中，通过在更大天区内观测此类黑洞，有望能够更好地预言黑洞在银河系中的数目。"

| 获奖情况 | |
|---|---|
| 黑洞搜寻与吸积物理研究 | |
| | 自然科学奖一等奖 |

# 冉冉升起的"钠离子电池"新星
# 照亮新能源领域重要技术路线

撰文 / 段大卫

作为储能界的"新星",继锂离子电池后,如今钠离子电池被视为新能源领域一条重要的技术路线。凭借长寿命、宽温区和高安全性能等优势,低成本钠离子电池广泛应用于储能、电力等领域,同时也是实现"碳达峰、碳中和"目标的路径之一。

当前,我国钠离子电池技术处于世界领先水平,且处于产业化导入期。随着行业标准、产业政策日趋完善,钠离子电池研发具有广阔发展前景。

## 瞄准"冷门"领域,打开新技术大门

近年来,新能源产业快速发展,储能行业对动力电池的需求增长显著。以目前最火爆的新能源汽车为例,动力电池作为新能源汽车的核心价值环节,市场规模增长迅速,电池材料与电池结构技术方面的研发创新层出不穷。

但需求快速扩张的同时,传统的锂离子电池的主材——碳酸锂价格水涨船高,大幅波动的碳酸锂价格给锂电池成本带来极大不稳定风险。1991年锂离子电池商业化后,再无新的二次电池商业化,然而锂离子电池却面临供应链安全无法回避的问题。如锂资源的储量有限,且70%分布在南美洲。当面对锂离子电池已无法全面改变传统能源结构的局面,替代或补充锂离子电池的储能技术成为国际新能源技术的竞争热点。

早在十几年前,当众多人聚焦锂离子电池的时候,中国科学院物理研究所研究员胡勇胜就将目光转向了"冷门"的钠离子电池。他带领团队潜心钻研钠离子电池技术十余载,逐渐打开了钠离子电池产业化的大门。

据了解,钠离子电池是一种依靠钠离子在正负极间移动来完成充放电工作的二

陈立泉院士于 2017 年提出的"电动中国",是实现双碳目标的重要路径之一

次电池,与已被广泛使用的锂离子电池的工作原理和结构相似。其工作原理类似于锂离子电池,但钠电池使用钠离子而不是锂离子作为储存和释放电能的载体。

胡勇胜介绍说,钠电池的正极通常采用氧化物材料,负极则是碳材料或其他合金。当充电时,钠离子从正极脱出,经过电解液迁移到负极,实现电能的储存。当放电时,钠离子从负极回迁到正极,释放出储存的电能。

"我们要做老百姓能买得起的低成本、高安全的电池。"通过不断的研究,胡勇胜团队惊喜地发现铜在钠离子电池中具有活性,关键是其成本只有钴的 1/4 和镍的 1/2,正是替代镍和钴的"完美"元素。经过多年的探索,胡勇胜团队最终成功研制出铜基钠离子层状氧化物正极材料。

相比其他新型二次电池,钠离子电池更具有产业化优势。据悉,钠离子电池目前的试点应用场景包括电动汽车、自行车、储能、家庭储能、基站、机房等。

**潜心钻研,"十年磨一剑"**

鉴于我国 70% 的锂资源依赖进口,锂离子电池很难同时满足未来我国大规模储能、电动交通工具以及消费电子的需求。

2009 年,胡勇胜从国外回到中国科学院物理研究所工作。彼时锂离子电池正处于蓬勃发展之中,而与其差不多同时"起步"的钠离子电池,受限于当时的研究条

冉冉升起的"钠离子电池"新星 照亮新能源领域重要技术路线

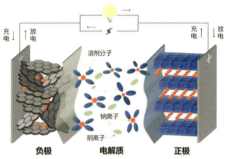

钠离子电池示意图

件等因素,一度处于停滞状态。

是跟随热点开展锂离子电池的研究,还是克服困难开启钠离子电池的探索?经过一番调研和思考,胡勇胜决定带领团队潜心钻研钠离子电池技术。

"钠在地壳中储量丰富,分布广泛,而且具有和锂相似的物理化学性质和储存机制。"胡勇胜团队成员、中国科学院物理研究所副研究员陆雅翔解释道。而且,由于钠价格低廉,钠离子电池具有很大的潜在成本优势,非常适合应用于短续航电动汽车、5G通信基站、数据中心和大规模储能等领域,对我国能源安全具有重要的战略意义。

自2011年起,胡勇胜就带领团队在物理所四十多年锂电池研究积累的基础上,秉承老一辈科学家"十年磨一剑"的奋斗精神,致力于低成本、安全环保、高性能钠离子电池技术的研发。

方向确定后,胡勇胜有了更大的激情和动力,每天都会带领自己的研究生们在实验室加班加点,一直工作到深夜,这一干就是十多年。但研发过程中挑战也接踵而至,能否降低钠离子电池负极材料成本呢?

当时,石墨作为成熟的锂离子电池负极材料却几乎不具备储钠能力;无定形硬碳是众多研究的焦点,但价格较高。胡勇胜团队一直在思考如何开发一款低成本、无定形的碳负极材料。通过对碳源前驱体进行调研,胡勇胜发现无烟煤的储量是石墨的三四千倍,且纯度较高,如果用无烟煤制备无定形碳负极材料将有利于大幅降低电池成本。基于这样的考虑,他们立即开始实验,最终研制出了无烟煤基钠离子电池负极材料。

胡勇胜带领着他的研究团队一路披荆斩棘，在成本与性能的双重考验下持续前行，大胆创新，挑战别人忽视的、认为不可能的道路，将不可能变为可能，陆续研发了钠离子电池新型正极材料、负极材料和电解质材料，为钠离子电池的实用化奠定基础。

随着不断开发出具有完全自主知识产权的钠离子电池体系，团队也正在引领全球钠离子电池技术与应用的发展趋势，率先在实现钠离子电池的产业化和商业化应用上交出了一份令人满意的答卷。

**钠离子电池研发现状**

《2023年度全球动力电池科创力坐标报告》显示，从全球竞争格局看，中国已是动力电池最大的技术来源国和目标市场国，全球约74%的专利申请来源于中国。

另从电芯技术演进趋势看，锂离子电池创新势头正盛，钠离子电池发展驶入快车道，特别是进入21世纪后，锂离子电池的技术发展呈"指数式"增长，远超其他技术路线。

目前，我国也正在推动新一代电池的开发，钠离子电池进入产业化导入期。

钠离子电池的优势

2021年12月，中关村储能产业技术联盟发布《钠离子蓄电池通用规范》（T/CNESA 1006—2021）团体标准。

2022年7月，工业和信息化部印发《工业和信息化部办公厅关于印发2022年第二批行业标准制修订和外文版项目计划的通知》，我国首批钠离子电池行业标准《钠离子电池术语和词汇》(2022—1103T-SJ)和《钠离子电池符号和命名》(2022—1102T-SJ)计划正式下达。

中科院物理所与中科海钠推出首辆钠离子电池电动车

2023年1月，工信部等六部门联合发布《关于推动能源电子产业发展的指导意见》，提出研究突破超长寿命高安全性电池体系、大规模大容量高效储能、交通工具移动储能等关键技术，加快钠离子电池技术突破和规模化应用。

胡勇胜认为，我国钠离子电池不论是在材料体系和电池综合性能等技术研发方面，还是在产业化推进速度、示范应用、专利布局以及标准制定等方面均处于国际前列，已具备了先发优势。中国有机会获得钠离子电池产业发展的主导权，引领钠离子电池技术与应用的发展趋势，率先在全球范围内实现钠离子电池的产业化和商业化应用。

**让"电动中国"梦想照进现实**

胡勇胜早年求学靠两条双腿往返于学校与家之间时，曾迫切希望在中国广袤的乡镇能够普及用电力驱动的自行车，因此做老百姓能买得起、用得上的低成本、高安全的电池一直是胡勇胜做研究的初心和目标。

当前，钠离子电池巨大的储能市场还包括光伏、风能等新能源接入储存系统。在胡勇胜看来，钠离子电池具备低成本、长寿命和高安全性能等优势，不仅能在一定程度上成为锂离子电池的补充，缓解锂资源短缺的问题，还能逐步替代环境污染严重的铅酸电池，保证国家能源安全和社会可持续发展。

在全球大规模储能产业快速发展的今天，钠离子电池将凭借其独特的优势在储能领域拥有广阔的用武之地。胡勇胜指出：储能是智能电网的重要环节，钠离子电池因其成本及资源优势将在大规模储能市场中大有作为。

胡勇胜深切希望，在我国各级政府的顶层规划及相关政策大力支持之下，在产、学、研协同创新之下及社会资本的推动之下，钠离子电池能够在实现碳达峰、碳中和目标中发挥重要作用，将"中国的机会"切实转化为"中国的贡献"，将能源互联和"电动中国"的梦想照进现实。

| 获奖情况 | |
|---|---|
| 钠离子电池层状氧化物材料构效关系研究 | |
| | 自然科学奖一等奖 |

# 创新癌症治疗技术
# 开拓纳米材料亚细胞效应领域新业态

撰文 / 段大卫

如果能对癌细胞进行高效、安全、可控的杀伤，而不会对正常组织造成损伤，那该多好啊！这种创新和先进的癌症治疗技术能否实现？

当前，由国家纳米科学中心研究员梁兴杰团队主导，针对纳米材料亚细胞效应理化适配机制和规律进行研究，为创新纳米药物的发展提供了支持，也创新性地应用到癌症治疗技术上。

梁兴杰团队的研究为纳米材料亚细胞效应领域提供了一批原创性和引领性的成果，被国际同行广泛关注和引用。

**纳米技术在医学和药学领域广泛应用**

医疗健康关系到国民身体健康和生活质量，是社会经济发展、国家安全稳定的关键影响因素。国务院印发的《"健康中国2030"规划纲要》指出，要加强医药技术创新，提升产业发展水平，到2030年跨入世界制药强国行列。

近年来，随着纳米技术的快速发展，各种新兴的功能化纳米材料逐渐在多个领域中大放异彩。而在医药技术创新方向，纳米技术也逐渐走进人们的视线。

纳米材料通常是指，在三维空间尺度中至少有一维处于纳米尺度范围的一类材料，其介于微观原子簇和宏观物质的中间领域。由于尺寸上的特殊性，纳米材料拥有着不同于其他材料的独有特性。

例如，巨大的比表面积使其易于与其他原子结合而达到稳定状态，极大提高了其溶解性能。此外，高密度的表面原子也大幅缩短了吸附平衡的时间，显著增强了纳米粒子的稳定性。

而纳米药物则是纳米技术与生物医药相结合所形成的新兴产物，基于纳米尺度特性，纳米药物能够透过多种生理或者病理屏障，且具有更好的循环稳定性和药物溶出速率。

因此，纳米药物优越的功效、灵活的用药方式为多种重大恶性疾病的治疗提供了新的可能，使其在多种药物研发领域中受到了广泛关注。

鉴于此，梁兴杰团队所研究项目的主要目的是探索纳米材料与生物体亚细胞结构之间的相互作用机制，揭示纳米材料在生物体内的安全性和有效性的理化基础，为纳米医学和纳米药学的发展提供理论指导和技术支持。

据了解，梁兴杰研究员的研究方向为纳米药物的设计合成、结构优化和功能测定及其临床应用中的生物机制。他所带领的团队长期致力于新型纳米药物的构建及其在癌症等重大恶性疾病的预防和治疗中的应用研究。

值得注意的是，研究团队利用生物材料实现了盐酸伊立替康纳米化，有效提高了药物的包封率和临床用药剂量。在此基础上，抗肿瘤2.2类新药"注射用盐酸伊立替康（纳米）胶束"已于2019年获准开展临床试验，这是目前国内获得批准进入临床的第一个名称中含有"纳米"字样的治疗性新药。

**纳米技术创新实现癌症治疗**

纳米药物的发展始于20世纪60年代，科学家提出应用纳米脂质囊泡（即脂质体）进行药物递送。与小分子化疗药物相比，纳米药物表现出诸多优势，如更长的血液循环时间、更低的药物毒副作用以及更好的患者适应性等。

目前，癌症的治疗仍面临诸多挑战，抗肿瘤药物也成为当前国内外创新药物研发热点。而纳米药物因其靶向、高效、低毒等特性，被广泛应用于各种重大恶性疾病的治疗，并成为当下关注焦点。

据了解，梁兴杰团队设计并制备了一些具有特定功能和效果的纳米药物系统，如抗癌药物载体、基因递送载体、多模态成像探针等，并验证了其在体外和体内的优异性能。

如梁兴杰团队发表在《自然·纳米技术》杂志的一篇题为《碳点支撑原子分散金（CAT-g）作为线粒体氧化应激放大器用于癌症治疗》的论文，就提到了纳米技术对

创新癌症治疗技术 开拓纳米材料亚细胞效应领域新业态

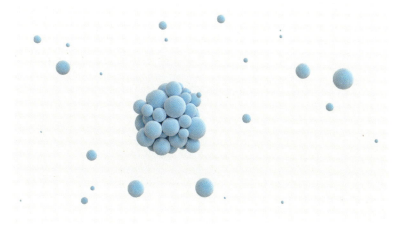

纳米颗粒（艺术想象图）

于癌症治疗的重要影响。

梁兴杰介绍说，碳点是一种由碳原子组成的纳米颗粒，大小一般在1~10纳米，具有很多优异的性质，如荧光、生物相容性、稳定性等。而原子分散剂是指将单个金原子均匀地分散在其他材料上，形成一种新型的催化剂，具有很高的催化活性和选择性。

什么是碳点支撑原子分散金CAT-g呢？梁兴杰解释，CAT-g就是将原子金单一分散负载在碳点纳米结构中，形成一种复合纳米材料。这种材料可以利用金原子高效消耗胞内谷胱甘肽，从而增强靶向线粒体的氧化损伤，产生一类活性氧自由基的物质。而活性氧是一种具有很强氧化能力的物质，可以破坏细胞内的蛋白质、脂质、核酸等重要分子，导致细胞死亡。

那么，这种材料如何用于癌症治疗呢？梁兴杰提到，癌细胞与正常细胞相比有一个特点，就是它们对氧的需求更大，有更强的糖代谢能力，并产生更多的活性氧。然而，过多的活性氧会对癌细胞自身造成损伤，所以癌细胞会产生一些抗氧化物质来保护自己。这就形成了一种平衡状态，使得癌细胞能够存活下来。

"如果我们能够打破这种平衡状态，提高癌细胞内部的活性氧水平，超过它们的抗氧化能力，就可以使癌细胞死亡，这也就是CAT-g的作用。"梁兴杰说道。

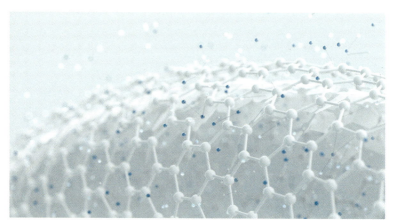
纳米材料（艺术想象图）

**应对纳米技术研发的难点和挑战**

在新兴的纳米生物医学领域中，将具有先进功能的纳米材料及具有智能响应特性的纳米结构用于疾病的诊断和治疗研究，不仅能为疾病的早期诊断以及发生发展过程提供更直观的证据，而且还有望实现影像介导的药物递送和治疗、影像指导的手术切除和实时监控的治疗应答等。

"CAT-g 就可以实现对癌细胞的高效、安全、可控的杀伤，而不会对正常组织造成损伤。"梁兴杰指出，这是一种非常创新和先进的癌症治疗技术。

但任何一项新技术的研究，都不免要遇到很多难点和挑战。对此，梁兴杰团队选择通过不懈的努力和创新思维来克服。

如何控制碳点进入细胞内部的不同位置？他们利用了碳点的表面修饰性质，通过改变其表面官能团的种类、数量、密度等参数，来调节其与细胞膜或细胞器之间的相互作用力和亲疏水性，从而实现其在细胞内部的定向输送和分布。

梁兴杰团队在生物技术领域也取得了一系列重要的创新成果，并在国际权威期刊上发表了多篇高影响力论文。他们建立了一套完整的纳米材料亚细胞效应评价体系，包括细胞模型、动物模型、分子探针、成像技术等，系统地研究了不同类型、不同形态、不同功能的纳米材料与细胞器之间的相互作用方式、机制和影响因素。

同时他们也发现了一些新颖和重要的现象和规律，如纳米材料诱导线粒体自噬、线粒体氧化应激等，并揭示了其分子机制和生物意义等。

**纳米技术医药研发前景广阔**

纳米技术作为一种利用纳米尺度的物质或结构来实现新功能和效果的技术,具有很多优势,如高比表面积、高活性、高选择性、高灵敏度等。大规模高效地制备大小均一、形貌可控的纳米材料一直是研究的热点问题,也是推动纳米科学和纳米技术发展的关键。

接踵而至的纳米材料的表面功能化,也推动了纳米技术在生物医学领域中的广泛应用。实际上,纳米技术在医学和药学领域有很多潜在的应用,如诊断、治疗、预防、再生修复等,可以为人类健康和生命质量带来巨大的改善和提升。

正如梁兴杰团队的项目,不仅为癌症治疗提供了一种新型的纳米药物系统,也为纳米医学和纳米药学领域提供了一种新型的设计思路和方法。业内人士评价称,该项目有望在未来进入临床试验阶段,并最终为广大患者带来福音和希望。该项目也有助于推动我国在纳米医学和纳米药学领域的创新发展和国际合作交流,提升我国在该领域的科技水平和社会影响力。

梁兴杰表示,"相信随着科技的发展和研究的深入,未来将有更多的纳米药物获得批准应用于重症患者的治疗,更多地纳米技术帮助人们提高生活质量,这无疑也将大大提高国民身体健康水平和生活水准。"

纳米材料亚细胞效应的理化适配基础研究

自然科学奖一等奖

# 受"莼菜黏液"启迪
# 超低摩擦技术助力"双碳"加速实现

撰文 / 段大卫

"西湖莼菜汤"是一道著名的杭帮菜,一次出差中偶然品尝的机会,让清华大学机械工程系雒建斌院士关注到了"莼菜黏液"的特性。莼菜具有黏滑的特点,其黏液对摩擦学行为会产生哪些影响?在进一步的研究中,雒建斌团队发现了莼菜表面天然多糖凝胶类物质的超低摩擦现象。

摩擦现象普遍存在于工业制造中,机械运动界面不可避免存在摩擦与磨损。摩擦消耗掉全世界 1/3 的一次性能源,约有 80% 的机器零部件因磨损而失效。

制造业作为国民经济的物质基础和产业主体,是中国碳排放量最大的行业,其低能耗、少排放是决定中国实现"双碳目标"的关键。

雒建斌团队提出的"超低摩擦"技术可将摩擦能耗降低几个数量级,并且实现近零磨损,这对我国新型工业化道路及降低能源消耗的发展战略具有十分重要的现实意义。

### 后现代工业化的"摩擦生能源"

在生产技术落后的远古时期,我们的祖先通过"钻木取火"获得光和热。而据记载,"钻木取火"是人类最早掌握的生火方式之一,早在原始社会它就已经给人类带来了火种。

这一方式利用的正是摩擦生热原理,干燥的木头在相互摩擦后产生的热量可以将枯木、干草等易燃物引燃,从而达到点火的目的。

虽然钻木取火的方式在现代已经鲜有人用,但其摩擦生热的原理却依然常见,火柴和机械打火机就是典型代表。

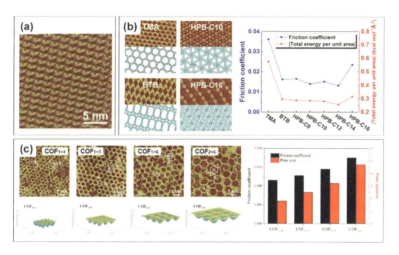

超分子模板体系的组装结构及其纳米摩擦特性

当起源于"摩擦生火"的人类文明进入工业化时代,高承载低摩擦的工业变革需求,对摩擦界面分子结构与摩擦行为及能耗间构效原理提出了重要挑战。

数据显示,摩擦和磨损会造成50%以上的装备整体失效或出现重大事故,其经济损失约占我国生产总值的1.5%(约为全球平均水平的2.1倍)。

团队从莼菜表面的大分子结构特性、分子间层状排布等特征,获得了降低摩擦的灵感启发,进而研究了界面分子主客体组装等低摩擦设计理论,提出了复杂环境固液耦合润滑中二维材料最优润滑特性及承载能力的分子结构适配性原理,实现了有机大分子稳定宏观润滑体系构建并提出一套多因素主动调控低摩擦行为的方法。

刘宇宏副教授解释称,该项研究率先在可控有机分子体系实现超低摩擦,填补该领域研究空白。同时,阐释基于固液界面分子构性的高承载低摩擦调控机制,也为其工业化提供了重要的理论指导依据。

"我国超低摩擦技术已经在实验室阶段取得了丰硕的成果,液体超滑、固液耦合超滑、结构超滑等技术已在国际上处于领先地位,目前处于向产业界推广应用的关键时间节点。"刘宇宏副教授提到,当前超滑技术发展主要面向实际应用工况的低摩擦与高承载量级突破,以及应对设备运行的低摩擦可调控等需求。

**面向工业应用多项需求的技术突破**

实际上,自然界已发现的超低摩擦体系与工业应用间存在巨大差异,如何借鉴自然界中的超低摩擦机理进行工业应用中的低摩擦设计,仍有许多基础理论问题亟须攻克。比如,面向实际应用工况的低摩擦与高承载量级突破,以及应对设备运行的低摩擦可调控等需求。

刘宇宏副教授通过"面向高承载低摩擦的界面分子设计与调控"发展了摩擦界面分子结构的超低摩擦设计策略,奠定了微观分子级调控的理论基础,实现了宏观尺度高承载条件下超低摩擦和近零磨损,得到国内外同行高度认可。

据了解,针对先进制造在能源消耗和环境污染方面的问题,该研究项目面向界面微观分子能量耗散机理和宏观工业高承载低摩擦需求,开展基于摩擦表界面分子和组装结构设计及调控的超低摩擦磨损基础理论及应用研究。

此外,基于该项目研究成果,建立了复杂流动界面下的滑移阻力计算模型,并以此发展出一套具有高承载能力和低摩擦系数的固液耦合润滑体系设计方法,将宏观超滑推向实际应用。

壳牌作为全球最大的润滑油生产商和供应商,指出该研究成果对于润滑油行业是一个突破,不仅提出以超薄二维材料作为润滑油添加剂,还解决了其在润滑油中

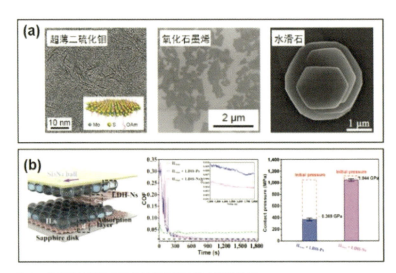

基于二维层状材料的高承载低摩擦固液耦合润滑体系

的分散问题，为下一代高端润滑油的研发奠定了坚实的基础。

据悉，该项目研究相关成果3次入选领域内权威期刊封面/底；项目组成员受邀在国际顶级学术会议作报告8次，参与编写英文百科全书 Encyclopedia of Tribology 词条，Superlubricity 和《界面科学与技术》，担任国内外知名学术期刊编委。此外，项目组成员还获得过国家自然科学二等奖、STLE 摩擦学国际金奖等多项国内外学术奖励和优秀青年人才计划。

### 兑现"达峰承诺"的关键环节

国际社会普遍认为，二氧化碳过度排放是引起气候变化的主要因素。人类活动排放的二氧化碳等温室气体导致全球变暖，加剧气候系统的不稳定性，导致一些地区干旱、台风、高温热浪、寒潮、沙尘暴等极端天气频繁发生，强度增大。碳排放与能源种类及其加工利用方式密切相关。

针对二氧化碳过度排放问题，目前，全球范围内能源及产业发展低碳化的大趋势已经形成，各国纷纷出台碳中和时间表。

2020年9月22日，中国国家主席习近平在第七十五届联合国大会一般性辩论上宣布："中国将提高国家自主贡献力度，采取更加有力的政策和措施，二氧化碳排放力争于2030年前达到峰值，努力争取2060年前实现碳中和。"

中国碳达峰、碳中和目标（以下简称"双碳"目标）的提出，在国内国际社会引发关注。我国主动提出"双碳"目标，将使碳减排迎来历史性转折，这也是促进我国能源及相关工业升级，实现国家经济长期健康可持续发展的必然选择。

值得关注的是，实现"双碳"目标不是要完全禁止二氧化碳排放，而是在降低二氧化碳排放的同时，促进二氧化碳吸收，用吸收抵消排放，促使能源结构逐步由高碳向低碳甚至无碳转变。

而制造业作为国民经济的物质基础和产业主体，是中国碳排放量最大的行业，其低能耗、少排放是决定中国能否兑现"达峰承诺"的关键环节。

业内普遍认为，"双碳"目标的实现是一个循序渐进的过程，也是一项涉及全社会的系统性工程。需要持续积极推动技术创新，充分调动科技、产业等方面，以技术创新引领低碳发展新格局，推动能源变革、实现"双碳"目标，使绿色发展之路

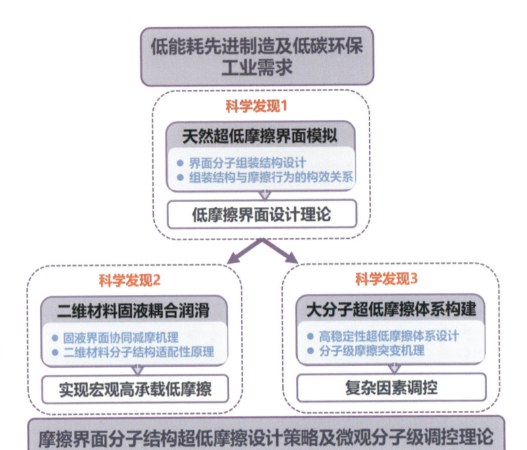

超分子模板体系的组装结构及其纳米摩擦特性

走得更远更好。

刘宇宏副教授团队的研究项目在开拓新型超润滑材料领域、鲁棒性高承载低摩擦、复杂固液界面耦合超低摩擦调控等方面,都取得了重要创新成果,助力"碳达峰"的实现。

其中包括,基于自然界植物表面黏液的超低润滑现象的发现,阐释界面结构与纳米摩擦学行为间的构效关系,率先在可控有机分子体系实现超低摩擦。同时,提

受 "莼菜黏液" 启迪 超低摩擦技术助力 "双碳" 加速实现

出具有超高极压特性的二维层状材料的分子设计准则，阐释固液耦合超低摩擦和宏观鲁棒性低摩擦磨损机理。并且，研究项目建立有机大分子和复合凝胶的可控超润滑体系，揭示分子结构、力学特性和环境介质与摩擦行为间的内在联系，实现复杂因素超低摩擦调控。

业内专家指出，该项目解决了界面分子作用机制和摩擦能量耗散微观机理等关键科学问题，提出界面分子结构创新设计策略和调控方法，为揭示超低摩擦能耗物理本源和推动工业应用做出显著贡献。

**超低摩擦技术有望在人类健康等领域发挥重大作用**

超低摩擦技术可将摩擦能耗与磨损率降低几个数量级，有望在工业发展、国防科技、人类健康等领域发挥重大作用。自 2012 年，团队成员探索发现莼菜表面天然多糖凝胶类物质的超低摩擦现象后，就持续潜心在该领域研究中。

据刘宇宏介绍，高端装备包含众多的精细传动装置，其中的机械运动界面的稳定性通常是决定装备精度的关键因素，超低摩擦技术将为高端装备的性能保驾护航。

而在国防科技方面，当前对武器装备的打击精度提出了更高的要求，导弹发射阻力的微小变化都会导致弹道偏差从而不能命中目标，超低摩擦技术将最大幅度降低导弹发射过程的阻力，从而保证了打击精度。

另外，从贴近人们生活的日常来看，医疗领域中医疗植/介入体的干预过程通过超低摩擦技术可实现低剪切阻力，从而避免组织破坏，减轻病人不适感。

面向高承载低摩擦的界面分子设计与调控

自然科学奖二等奖

# 面向未来芯片 超越硅基极限

撰文 / 吉菁菁

随着人工智能的浪潮席卷全球,芯片作为信息产业的物质基础,驱动着数字时代的无限可能。无论是现代人一刻无法离身的智能手机,还是曙光初露的自动驾驶汽车产业,又或是承载了人类梦想的载人飞船,芯片的身影无处不在。

半个世纪以来,硅一直主导着集成电路产业,硅基芯片的发展也让"摩尔定律"不断延续——每隔18个月至两年,集成电路上的晶体管密度就会翻一番。晶体管密度越高,芯片的性能就越高;而在性能提升的同时,芯片成本也会随之降低。

想要提高芯片元器件的集成度,晶体管的小型化有着决定性的作用。如今,硅晶体管进入了亚10纳米的技术节点,接近其理论上的物理极限,摩尔定律面临失效风险。寻找新型材料延续摩尔定律,进一步把芯片变得更小,成为全球科学家们的当务之急。

针对这一问题,北京大学物理学院吕劲研究员团队牵头完成了"二维晶体管理论"项目,荣获2021年度北京市科学技术奖自然科学奖二等奖。有别于传统芯片制造采用的块状材料,该项目聚焦超薄二维材料,为二维半导体晶体管的材料选取和性能评估提供了指导。其理论不仅为未来芯片的发展指明了一个新的方向,更引导激励着科学家们超越硅基极限,开启芯片科技的新篇章。

## 芯片上建"摩天大楼",应选什么"砖"?

制作芯片的过程很像建筑"摩天大楼",需要在有限空间内盖出多层的"楼房"。目前,单块芯片上晶体管的集成度已经可以达到几十亿,极紫外线光刻机现在可以在硅片上打印出尺寸与人类染色体直径相仿的晶体管。如果想将其进一步变得更小,使用更"微缩"的建筑材料或许是最好的选择。

此前，芯片制造产业需要使用到立体的块状材料，经过多轮打磨和堆叠，最终得到纳米级别晶体管组成的芯片。但伴随着晶体管尺寸的不断缩小，也出现了电子迁移率降低、漏电流增大、隧穿电流增大、功耗增加等一系列问题。

2004 年，由单层碳原子构成的二维结构材料"石墨烯"问世，引起了科学界的轰动。具有原子级别的超薄厚度，导电性、机械性能和光学性质也更加出色的二维半导体材料，成为最有希望替代硅建造"摩天大楼"的新选择。

遗憾的是，石墨烯虽然拥有更高的载流子迁移率，但它本身不具备"能隙"（电子携带电流之前，必须跃过的"能量跨栏"），因此并不是理想的半导体材料。想要做出高迁移率、高开关比的晶体管，首先要解决的就是找出"人造能隙"的方法。

面对这一棘手挑战，吕劲团队进行了创新性探索，选取了与石墨烯同为狄拉克材料的硅烯和锗烯（两者同样具有较高的载流子迁移率，但能隙为零）开展研究。硅烯是单质硅最薄的形式，仅有一个硅原子的厚度。锗烯则由单层锗原子组成，是首个单元素组成的二维拓扑绝缘体。

想要打开一个可控能隙，施加电场是实验中常用的调控手段。2012 年，吕劲团队发现，外加的垂直电场可以破坏硅烯和锗烯上下子格子的反演对称，从而打开能隙，且打开的能隙会随电场强度线性增加，并保持高的载流子迁移率 [ 图 1(a)]。

随后，吕劲团队通过结合非平衡格林函数方法和密度泛函理论的"第一性原理量子输运"模拟，采取原理器件仿真的方式，首次论证了硅烯场效应晶体管原理器

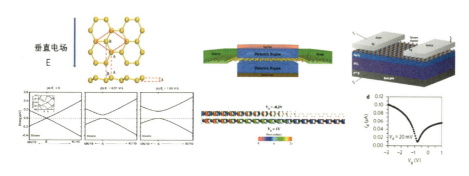

图 1 理论预测的硅烯晶体管已得到实验证实
(a) 能带计算显示垂直电场打开硅烯的能隙；(b) 模拟的硅烯双门晶体管;(c) 实验的硅烯晶体管和转移曲线

件具有电流开关效应，开关比是无电场时的 8 至 50 倍 [图 1(b)]。第一性原理量子输运方法是一种用于研究材料电子输运行为的最精确的计算方法，在该方法中，基本的量子力学原理（如薛定谔方程）被用于描述非平衡条件下电子在材料中的运动和相互作用。

上述成果发表于国际高水平期刊《纳米快报》，目前仍是二维晶体管的第一性原理量子输运模拟论文中被引用数最高的论文。

吕劲团队认为，狄拉克材料硅烯和锗烯很有可能就是未来最适合建"摩天大楼"的"砖块"，其中硅烯材料更被寄予了厚望，因为目前硅基晶体管已经是半导体行业的主流晶体管。

利用垂直电场调控硅烯和锗烯能隙的观点，引发了业界巨大关注，也推动了硅烯科学的发展。2015 年，硅烯的最早发现者之一、意大利国家研究委员会微电子与微系统研究所的 Alessandro Molle 高级研究员与美国得克萨斯大学奥斯汀分校的 Deji Akinwande 教授等，首次在实验室制备出硅烯晶体管 [图 1(c)]，吕劲团队的研究成果被列为该项研究的动机之一。硅烯晶体管的合成被美国化学学会 C&EN 网评选为 2015 年 11 项最受瞩目的化学成果之一，并被美国 *Discovery* 杂志评为 2015 年 100 项最受瞩目的科学成就的之一（33 位）。

除了人造能隙的方案，自然界还有些"砖块"的能隙本来就较大。在拓扑晶体管和拓扑绝缘体研究中，吕劲团队又瞄准了另一个重要方向——寻找大体能隙材料。

2014 年，吕劲团队首次发现，在不考虑自旋轨道耦合的情况下，单层铋烷和锑烷与硅烯一样是零能隙的狄拉克材料，虽然自旋轨道耦合可以打开体能隙，但其边缘态仍然维持狄拉克锥导电结构。作为第三代拓扑绝缘体，铋烷和锑烷的体能隙超过 1 伏特，是当时拓扑绝缘体体能隙的最大值。

最大能隙拓扑绝缘体铋烷和锑烷的发现，为室温拓扑晶体管的实现奠定了坚实的基础。该成果当年发表于国际学术期刊《自然》的子刊《NPG 亚洲材料》。

**遨游二维材料之"海"，"指针"如何导航？**

相比硅烯和锗烯等狄拉克材料，二维本征半导体的优势在于无需人工调控能隙，本身就是非常理想的晶体管材料。但是放眼千余种二维材料，哪种材料最适合产业需要呢？

由于制备"微缩砖块"(即亚10纳米的二维半导体晶体管)在实验上极其困难，想要找到可以替代硅的未来晶体管材料，就迫切需要可靠的理论作为"指南针"，对各种二维材料的晶体管性能进行精准评估，进而为未来芯片设计提供依据。

2000年诺贝尔物理学奖得主赫伯特·克勒默曾指出："界面即器件。"尽管二维材料晶体管有很好的器件性能，但实际构造出的二维材料晶体管往往达不到理论预期。吕劲团队认为，影响二维半导体晶体管性能的，除了材质本身，处于界面上的"肖特基势垒"(Schottky Barrier)也不容忽视，需要进行准确的理论评估，并建立范式。如同二极管具有整流特性，肖特基势垒指的是金属-半导体边界上形成的具有整流作用的区域。

由于先前常用的二维晶体管肖特基势垒计算方法，均没有考虑电极与沟道材料在水平方向强烈耦合带来的金属诱导界面态以及由此引起的费米能钉扎效应，可能低估了水平肖特基势垒高度带来的不利影响——当半导体表面存在垂直的外加电场时，半导体内部各处的静电势不同，承载电子运动的能带相应地发生弯曲(称为"能带弯曲")。如果半导体界面中出现了费米能钉扎效应的话，其表面能带弯曲的情况将变得复杂。

为此，吕劲团队率先用无参数的原子层级第一性原理量子输运方法，充分考虑电极与沟道的耦合。通过计算晶体管的空间能带图，吕劲团队发现：金属诱导的能隙态普遍存在于二维晶体管与金属的水平界面，从而导致费米能钉扎。

通过使用该模式，吕劲团队对一系列二维半导体(包括磷烯、过渡金属硫化物$MX_2$、V族烯、VI族烯、GaN、InSe等)与金属电极在晶体管结构下界面性质进行研究，修正了先前的功函数近似理论低估的水平肖特基势垒高度。

随后，在以二维半导体晶体管肖特基势垒的研究范式指导下，吕劲团队参照国际半导体技术发展蓝图(ITRS)标准，对一系列典型的二维本征半导体晶体管性能进行了评估，论证它们具有延续摩尔定律到亚10纳米的能力。

这一系列重要研究成果，大部分为国际首创，被《自然》及其子刊、《科学》、《现代物理评论》等著名学术期刊引用评述，研究范式得到了广泛应用，为科学家们选取更优化的二维本征晶体管电极提供了指导。

石墨烯的同位素异形体"石墨炔",被预测是一种高迁移率的二维半导体。2010年,中国科学院化学所的李玉良研究员团队率先合成石墨炔后,吕劲团队对石墨炔的本征性质进行计算,确认了石墨炔准粒子能带和激子峰分别高达1.1伏特和0.55伏特。这一结果与李玉良团队测量出的石墨炔在红外和紫外的吸收谱结果相符,从而为石墨炔的快速发展提供了基础。

2015年,吕劲团队对以铝作为电极的10纳米栅长单层石墨炔晶体管做了第一性原理量子输运模拟,发现其开态电流大大超过硅基晶体管。至此,石墨炔晶体管实验上已经被制备出来。

### 为超越硅基极限,"预言"更多可能性

近年来,我国科学家围绕二维材料,在晶体管制备领域有了许多重大突破。"二维晶体管理论"这项极具前瞻性的基础研究工作,也为超越硅基极限的未来芯片架构注入了全新活力。

吕劲团队发展了用无参数的原子层级第一性原理量子输运方法按ITRS标准评估二维本征半导体晶体管性能的范式。论证了亚10纳米栅长的典型的二维本征半导体晶体管性能可比拟甚至超越硅基晶体管。他们发现半导体二硫化钼场效应管在亚10纳米尺寸下,仍然能保持可观的开关性能,并且具有傲视其他材料的超低亚阈值摇摆。这一发现很快被美国加州大学伯克利团队发表在《科学》上的实验工作所证实。

2022年,南京大学王欣然课题组制备出2英寸的二硫化钼单晶,揭示了二维极限下有机材料的新物理性质,构筑了高性能场效应管及利用二硫化钼TFT驱动的光电器件等多种原型器件。2022年,清华大学田禾课题组又以单层石墨烯作为栅极,开发了世界上栅长最小的晶体管,推动摩尔定律发展到亚1纳米级别,为二维薄膜在集成电路上的未来应用提供参考依据,目前吕劲团队正和田禾团队合作,探索亚1纳米晶体管的性能极限。

2023年,北京大学电子学院彭练矛—邱晨光团队研发出弹道二维硒化铟晶体管,制出世界上迄今速度最快、能耗最低的二维半导体晶体管,其实际性能已经可与英特尔最先进的商用硅基晶体管媲美,部分性能如跨导、弹道率等甚至超过硅基晶体管,未来有望打造出兼具高性能和低功耗特性的芯片。相关研究已发表于《自然》,

面向未来芯片 超越硅基极限

多位国际审稿人认为，这项研究是二维电子器件研究的重要里程碑。

上述这项工作，也验证了吕劲团队对二维硒化铟材料的"预言"——早在2018年，吕劲团队通过对单层硒化铟晶体管的器件表现性能进行系统模拟，已经"预测"了二维硒化铟晶体管的性能超过硅基晶体管。尤其是理论预测的开电流（1497 μA/μm）与实验的（1430 μA/μm）测量高度吻合（图2）。

"只有持续深耕作为自主创新之源的基础研究，才能站上科技和社会发展战略意义的制高点。我们的使命不仅是服务于今天，更要引领未来，创造新的需求和发展优势。"团队负责人表示。

当前，我国芯片领域长期受制于人，"二维晶体管理论"无疑在"后摩尔定律时代"抢下了一步"先手棋"，开辟了一条我国"领跑"的赛道，为发展未来高集成度的芯片技术铺路搭桥，引领着我们驶向更加辉煌的数字时代。

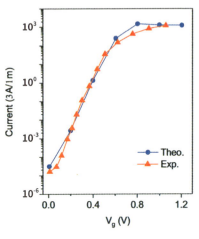

图2 理论预测和实验的二维硒化铟晶体管的转移曲线

二维晶体管理论　　　　　　　　　　　　自然科学奖二等奖

31

# 看不懂肢体暗示的人可能跟自闭症有关吗？

撰文 / 王雪莹

这是一个被浓雾包裹的傍晚，在伸手不见五指的雾气中，你小心翼翼地走在回家的路上。突然，一个巨大的黑影扑面而来，好在你下意识地侧身，灵敏地躲了过去。

"大雾天骑车还这么快！不怕撞到人吗！"冲着一闪而过的黑影，你大声吼道。尽管雾气大幅降低了能见度，但那快速移动的、晃晃悠悠的影子，不是鲁莽的骑车少年，还能是什么！你生气地嘟囔了几句，继续往家走。走到十字路口时，你看到一个身影正在有规律地挥舞双臂，"赶上这么一个糟糕的天气，交警可太不容易了！"你在心里这么想。尽管浓雾中只露出影影绰绰的轮廓，但你还是一眼就认出，那是交警在指挥交通。

大雾让回家的道路变得很艰难，好在，你终于平平安安地拐进了家门口的巷子。忽然，你看到不远处有一个小小的黑影正在移动，瞧瞧那蹦蹦跳跳的走路姿势，瞧瞧那甩来甩去的手臂……那不是就是你的女儿吗？你情不自禁地冲着它大喊，那身影也突然停了下来，回过头似乎在看着你，只是停顿了几秒，就扑向了你，"爸爸，爸爸——！"

对于许多人来说，类似这样的雾中走路经历似乎颇为常见。尽管眼睛并不能完完全全地看清楚，但哪怕只是看到一个大概的影子，从它的肢体动作我们也能猜到对方的意思，有时，我们甚至能够直接认出它的身份、叫出它的名字……这到底是为什么呢？原来，秘密就藏在你我的动作里。

**生物运动，你我的第二语言**

人类交流需要声音和语言，但并非只能依靠声音和语音——肢体运动也可以。

作为人类交流的第二语言，肢体动作即"生物运动"，是指生物体的运动。在自然中，对生物运动保持敏感是事关动物生死存亡的大事，从识别天敌到确认亲友，这种"生死攸关"的重要技能是生命在进化过程中逐渐"解锁"的能力，也被深深烙印在动物的基因之中。

1952年，伦敦，交警正在大雾中指挥交通

作为高等生物，人类在漫长的进化中也掌握了敏锐捕获并准确感知和解读生物运动信息的能力。试想一下，谈话时，虽然对方没有说出口，但是他一个不经意的看表动作，你是不是就能猜出他"或许赶时间"的言外之意？观舞时，虽然看不见舞者的脸，但是看着那翩若惊鸿婉若游龙的身姿，你是不是也能感受到舞者喷涌的情感？……可见，即便我们无法从轮廓、语言中获得信息，但是通过肢体行为，我们依然能够辨别他人的动作，了解他们的意图和情绪，甚至预测他们下一秒的行为，解读这些行为语言背后的潜台词。

众所周知，人类是一种社会性动物，需要与其他个体交往，才能满足自身的各种需求。只有能够迅速准确地识别他人的行为，并且正确理解他人的行为和意图，才能顺利地在群体中正常交流和生活。正因如此，对生物运动信息的捕捉能力，不仅关乎人类的生存，也影响着人类的社会交往。然而不幸的是，并非所有人都能很好地掌握这种能力，更有甚者，在以往一系列研究中研究人员们还发现，对生物运动加工能力的异常还与自闭症谱系障碍（ASD）——一类以社会交往

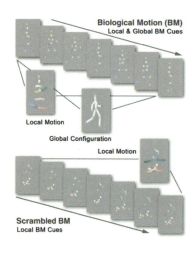

光点生物运动刺激序列（上：完整的刺激；下：关节点位置打乱的刺激）及其包含的整体结构和局部运动信息

和交流障碍为特点的遗传性疾病，有着千丝万缕的关系。

**为什么个体的生物运动知觉会有所不同？**

为什么不同个体对生物运动的捕捉能力有所不同？有哪些因素导致了这种个体差异的发生？如何解释它和个体自闭特质之间的关联？……为了更好地解答这些疑惑，脑与认知科学国家重点实验室、中国科学院心理研究所蒋毅研究员团队开展了一项行为遗传学研究，为人们揭开了生物运动知觉能力的神秘面纱。

生物运动中所包含的各关节点的局部运动和骨骼的整体结构，是视觉系统分析生物运动所依赖的基本信息。然而，细心的人可能会发现，人类的视觉分析系统很容易"溜号"，会受到各式各样的外界信息——譬如一个人的外貌、面容甚至是性别——影响。举例来说，目标人物的长相是否符合实验对象的审美，会不会影响他的判断？如果一个目标人物长得非常帅气，另一个却不够帅气，实验对象对二者的注意力是否会有所不同，对二者肢体行为的反馈又是否会有所差异？……面对形式多样的额外信息，我们又该如何做，才能明确"锁定"人类对生物运动信息的加工能力？

考虑到这一点，为了尽可能降低这类"场外信息"的干扰，更好地将注意力聚焦于运动信息研究，团队在实验中选择对人的头部和重要关节进行标记，直接将人体的生物运动抽象为光点的

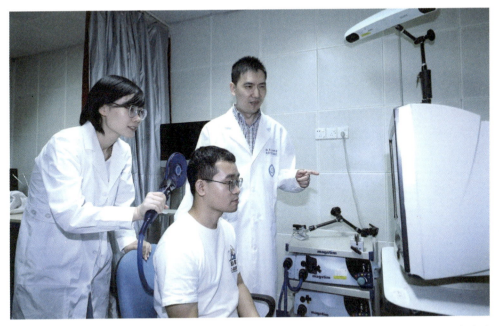

蒋毅带领团队进行实验

运动，并以这些看似简单的光点的动画为基础，探讨影响生物运动知觉基本能力的因素有哪些。

在研究过程中，团队的王莹副研究员和王莉副研究员等采用了双生子的实验设计，分别探究了局部生物运动信息加工、整体生物运动信息加工及一般性生物运动信息加工能力的可遗传性。在实验一中，团队将构成生物运动的关节点的位置打乱，从而将整体结构信息从运动中剥离出来，排除了整体结构对观察者的潜在影响，以此考察观察者对局部生物运动信息的加工能力；在实验二中，团队又掩蔽了生物运动刺激中的局部运动信息，仅仅保留了整体结构，以此考察观察者对生物运动整体结构的加工能力。通过两个实验，他们发现，不同个体对局部生物运动信息的加工能力之所以会有所不同，是因为基因遗传发挥了更重要的作用。与之相反的是，不同个体对生物运动整体结构的知觉差异，主要来源于共同环境因素而非遗传因素影响。

最后，团队又将局部运动或整体结构放到一起，以此考察观察者对一般性生物运动信息的加工能力。在此前实验的基础上，该实验进一步证实，人类对一般性生物运动信息的加工能力是具有可遗传性的，揭示了基因和共同环境二者的联合作用。

**"你划我猜"是人类才有的专利？不！**

你比划，我来猜，那么，加工生物运动信息是不是人类才有的专利呢？在很长一段时间里，人们也有着这样的困惑。为了解开这些疑问，科学家们还将研究对象拓展到了其他动物身上——从地上走的小鸡到水里游的小鱼，它们也会像人一样，对生物运动信息同样敏感吗？

通过实验，人们惊喜地发现，动物之间理解彼此生物运动的能力实际上远比人们想象中更厉害：视力不好的小鱼儿，不仅能够通过肢体行动，感知同伴游动的方向甚至意图，而且这种能力影响着鱼群的行为；刚刚出生的小鸡，对屏幕中运动的生物体的兴趣，明显高于非生物体的运动。

此次团队的研究成果，为生物运动知觉具有可遗传性提供了强有力的新证据，从遗传学的角度支持并拓展了生物运动知觉包含两种不同神经机制的理论观点。它向世人证实，理解身体的语言这一跨越物种的能力，是被深深烙印在人类基因之中的存在，是具有非常重要意义的一次生命进化。

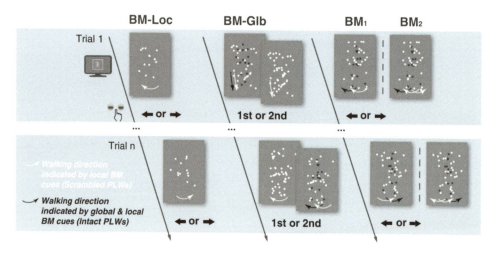

局部、整体和一般性生物运动信息知觉实验的范式

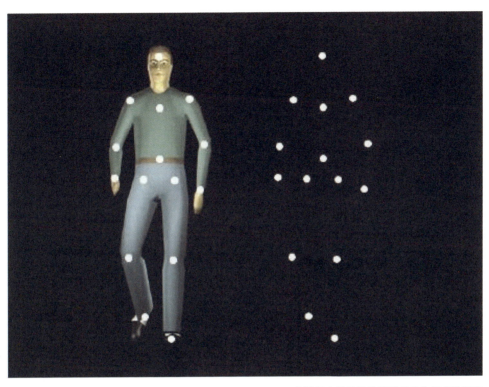

实验将人体的生物运动抽象为光点的运动

## 揭秘生物运动加工能力与自闭特质

除了证实生物运动知觉具有可遗传性，团队在实验过程中还测量了双胞胎被试的自闭特质，并从遗传角度揭示了生物运动知觉与个体自闭特质之间的关联。

一方面，团队发现，自闭特质本身的确具有较高的遗传度；另一方面，同时也是最重要的一点，团队发现局部生物运动加工能力较差的个体，常常会表现出较高的自闭水平，且从基因角度分析，甚至可以解释二者间近75%的相关性。换言之，遗传因素可以很大程度上解释生物运动加工能力的可遗传成分和个体自闭特质之间的关联。

对于普通家庭而言，自闭症的治疗是一场投入巨大且漫长艰难的持久战。尽管具有高度的遗传性，但这并不意味着自闭症患者无法通过后天的干预来缓解症状。换言之，如果能够尽早确诊、及时干预，自闭症患者尤其是自闭症儿童，将有更多的机会去"扭转"自己的人生。

虽然"自闭特质具有高度遗传性"在业界已有普遍共识，但在过去，人们对自闭特质的研究还是聚焦于症状，更多地是以"果"推"因"。而团队的发现，第一次从行为遗传的角度将自闭症谱系障碍与生物运动加工能力缺损联系到了一起，提示后者可能是社会认知能力异常发展的标志，为具有较高自闭症风险的儿童提供了新的检测指标，为自闭症的早期筛查和干预提高了更多可能，为这一指标从实验室走向临床应用提供了理论基础。

正常情况下，生物运动加工能力正常的个体，可以从社会线索中获得重要的信息。譬如眼神注视，通过观察他人的视线，人们不仅能够知道对方所关注的焦点，从而推断出对方的意图，而且还会在这个过程中，不自觉地追随这些线索。对于婴儿来说，尽管还不能用语言与人交流，但是当他们与成年人进行眼睛交互时，健康的婴幼儿会下意识地跟随成人的眼神，关注成人眼神所提供的社会线索，而具有自闭特质的婴幼儿，其表现往往不尽人意。借助更多类似检测个体生物运动加工能力的手段，未来，对自闭症谱系障碍患者"早发现、早治疗"或将成为可能。

生物运动信息的特异性加工及其与个体自闭特质的遗传关联研究

自然科学奖二等奖

# 拨开大脑迷雾
# 抑郁症患者迎来新的春天

撰文 / 吕冰心

"你尽可能把他消灭掉,可就是打不败他。"

海明威在《老人与海》中的这句话,不经意间道出了抑郁症患者饱受疾病折磨的痛楚。

抑郁症是一种具有高复发率、高自杀率和高致残率的精神疾病,但至今为止,其诊断手段仍然依靠临床观察,缺乏生物学客观标准物。眼下,一个令人充满希望的愿景是:通过磁共振快速完成抑郁症患者大脑扫描,检测到异常之处后,只需对大脑进行精准的经颅磁刺激治疗便可治愈。

"基于脑影像大数据的抑郁症默认网络机制"项目的研究成果,未来将可能发展成为抑郁症精确诊断的脑影像学指标,并引导新的精准靶点神经调控疗法。到那时,现如今抑郁症诊断与治疗所面临的困境有望彻底破解,抑郁症患者将迎来人生中新的"春天"。

## 抑郁症表现形式多样,亟须探寻生物学标志

目前,全球抑郁症患者近3亿人,在我国的患病率为3.4%。据估计,抑郁症目前已经成为全球第二大失能原因,每年都造成极为沉重的社会经济负担。

"基于脑影像大数据的抑郁症默认网络机制"项目负责人、中国科学院心理研究所研究员严超赣介绍,抑郁症患者除了表现出显著而持久的情绪低落、抑郁悲观,还会有明显的快感消失,比如认为人生非常没有意思,以前觉得快乐的事情现在却觉得不快乐。

除此之外,失眠、胃疼、乏力、心慌等躯体症状,也提示抑郁症的可能。正是由于抑郁症存在多种表现形式,才更凸显出精准识别的重要性。然而,目前抑郁症

主要的检测手段,仍然是依据症状学的临床观察、汉密尔顿量表进行诊断。因此,抑郁症诊断亟须生物学客观标准的支持。

这里所谓的生物学客观标准,包括了通过采血、脑影像学扫描等快速、精准的检测来发现抑郁症患者的异常。如何去定义、证实这些异常,是严超赣项目团队希望攻克的难题。

具体而言,项目组致力于研究抑郁症患者的脑活动异常机制,借此找到抑郁症诊断生物学客观标准以及精准治疗的途径。在这方面,脑影像学特别是静息态功能磁共振成像技术,因其安全无创、高时空分辨率和简便易行等特点,被广泛应用于抑郁症脑活动机制的研究。

通过磁共振成像建立反映抑郁症病理生理特征的影像生物学指标,面临的最大瓶颈在于磁共振检查价格高昂(每人每小时 2000 元)。这一局限导致目前脑影像学研究的样本量通常很小(小于 100)。由于样本量小、统计力不足,加上脑影像分析方法的差异,导致有关研究结果相互抵触,暂时无法作为抑郁症诊断生物学指标。

为了破解上述困境,严超赣带领项目组迎难而上,跨越了一道又一道难以逾越的"鸿沟"。

### 突破"小样本"瓶颈,建立抑郁症脑影像大数据联盟

基于此前在脑影像方法学上的深厚积淀,项目组提出了多项相关问题的有效解决方案,并建立了国际一流的脑影像分析平台,以此为基础突破了抑郁症脑影像研究的"小样本"瓶颈。

不仅如此,项目组还联合全国的精神科专家,牵头建立了抑郁症脑影像大数据联盟。联盟各站点统一按照标准化流程,对抑郁症数据进行处理,然后将得到的静息态功能磁共振成像指标汇聚成大数据,探讨脑网络的自发活动及功能连接异常模式。

迄今为止,项目组已成功汇聚来自国内 17 家医院和大学,总计 25 个抑郁症研究组的 1300 例抑郁症患者和 1128 例正常对照数据,建成了目前世界上最大的含被试个体数据的抑郁症脑功能影像数据库,并向全球研究者公开。

目前,该计划已发展到第二期,共享了基于最新的皮层水平预处理技术的 1661 例单相抑郁患者、206 例双相抑郁症患者、314 例精神分裂症患者和 1341 例健康对

抑郁症脑影像大数据联盟

照的脑影像数据。

既然数据来自不同的研究医院和扫描仪器，如何处理标准化难题呢？原来，项目组基于数据标准化的脑影像方法学研究成果，采用线性混合模型，有效地控制了"站点效应"，同时结合了头动校正和多重比较校正方法学上的研究成果，采用了有效严格的校正方法，最终得到了可靠的抑郁症患者脑影像学默认网络（DMN）异常模式。

**对抗"反刍思维"，干预大脑连接减轻抑郁**

如今科学家们已经知道，人类大脑的不同区域对应着不同的生理活动，如枕叶负责视觉，颞叶负责听觉，额叶负责运动……但是，当我们处于静息状态，什么事情都不做的时候，一个特定的脑区却变得活跃，那就是"大脑默认网络"。大脑默认网络负责我们的自省、想象与白日梦，学界有观点认为：它可以被理解为人类大脑的"低能耗待机模式"。

严超赣介绍，抑郁症患者没有做特定任务的时候，大脑也在胡思乱想，在进行"反刍思维"。所谓反刍思维，是指个体对消极事件的原因、影响和后果反复思考。

反刍思维是抑郁症患者中常见的心理现象和风险因素。"为什么受伤的总是

项目组合影

我？""为什么就我活得没有价值？""生活看起来好好的，为什么就是不能去享受，反而想死的心都有呢？"……这些都是陷入反刍思维的典型。通过大数据分析，项目组发现：抑郁症患者大脑的抑郁反刍思维默认网络存在异常。通过荟萃分析的方法，项目组探讨了抑郁反刍思维默认网络三个子系统在反刍思维中的作用，揭示了反刍思维和抑郁反刍思维默认网络，尤其是核心子系统和背内侧前额叶子系统的激活存在密切关系。

研究结果提示：陷于反刍思维的个体主要聚焦于他们的心理状态以及与之相关的自传体记忆，而很少关注当下。该研究结果为减少反刍思维以及抑郁症的治疗提供了来自神经科学方面的证据。项目组提出了"抑郁反刍思维默认网络干预"假说，即通过干预抑郁反刍思维默认网络的功能连接，减少患者的反刍思维，从而减轻抑郁。

项目组还发现，抑郁症患者的反刍思维频率比健康对照更高；具有反刍思维特质的抑郁症患者，其病程更长、复发更频繁；个体的反刍思维特质，还可帮助预测经历负性生活事件（NLE）后陷入抑郁的可能性。

为了探究反刍思维的脑网络机制，项目组率先开发了反刍思维脑影像任务态范式，在北京大学和中国科学院心理研究所的3台不同的扫描仪上采集了反刍思维的重复测量数据，随后系统地分析了反刍思维的脑网络机制。

研究者发现：在反刍思维状态下，个体的核心子系统和内侧颞叶子系统之间的功能连接显著上升，而核心子系统和背内侧前额叶之间的功能连接显著下降，并且内侧颞叶子系统内部的功能连接亦显著下降，该结果在三台扫描仪之间，得到了很好的重复。

"这也提示我们：可以通过经颅磁刺激，干预抑郁症患者大脑默认网络的子系统，以此打破反刍思维的循环，跳出痛苦的思维，减轻抑郁症状。"严超赣说。

### 提高研究可靠有效性，开发高效信度方法和平台

科学家研究大脑，一定要有好的研究方法。然而，脑影像方法里面有很多方法不够可靠，存在一些缺陷。比如，脑影像计算方法中的一大挑战是多重比较校正。

由于大脑有几万个体素，如果不进行有效的多重比较校正，极易出现假阳性结果，得到完全不可信的结论。瑞典林雪平大学的 Anders Eklund 等人曾在《美国科学院院报》（PNAS）发表论文，指出当时通行于脑影像领域的多重比较校正方法存在严重缺陷，具有极高的假阳性风险。Eklund 等人甚至认为，过去的 4 万项脑功能影像研究的结果可能都存在问题。

因此，寻找一种合适的多重比较校正方法，成为领域内亟须解决的难题。为了提高研究结果的可靠性和有效性，项目组开发了新的研究方案，改进了一些方法。

经过不懈探索，项目组最终提出一个较为优化的多重比较校正方法选择方案，给出了目前静息态功能磁共振研究可重复性的一个较为清晰的图景，并指出了样本量大小在提升可重复性的努力中扮演的关键角色。项目组探索出了一种标准化的、可被大多数研究者接受的统计分析方法（特别是多重比较校正方法）。

上述工作发表在神经成像领域期刊《人类脑图谱》（*Human Brain Mapping*）上，并且入选 ESI Top 1% 高被引论文，有效缓解了领域内对多重比较校正的焦虑，得到了国际同行的广泛关注和引用。

好的方法有了，如何真正从纸面文章落到实处，让领域内专家尽快应用相关的解决方案和新算法，采用高标准的数据分析方法，避免虚假结果，改善领域实践呢？于是，"开发一款好用、高效、简洁、准确的软件工具"，被项目组提上日程。

项目组为此开发了流水线式脑影像数据分析软件平台 DPARSF，对静息态功能磁共振成像的数据处理进行了规范化。用户可以从扫描仪原始数据开始，通过项目组开发的一站式解决方案，计算出最终的静息态功能指标。

随后，项目组在 DPARSF 的基础上开发了脑成像数据分析工具包 DPABI，融入了多重比较校正、头动噪声去除、数据标准化等方面的最新研究进展，并强调了重测信度和质量控制在脑成像数据处理中的影响。

最近，项目组又进一步开发了基于大脑皮层的脑影像数据分析软件 DPABISurf，解决了基于体空间分析忽视大脑按皮层延展的特性的问题，提高了脑信号提取的敏感性和特异性。

这些软件工具的开发，提供了权威的标准化数据处理流程，使得抑郁症研究者们可以快速简便地将候选人提出的脑影像方法学解决方案应用到他们的研究中。项目组开发的软件工具被大规模应用，也帮助领域内大量研究用上了高标准分析流程，减少了虚假结果和噪声伪迹，从而改善了领域实践。

其中，DPABI 工具包经过项目组近年来持续不断的更新升级，已成为当前领域内最受欢迎的流水线式静息态数据处理平台之一。据 Web of Science 统计，DPABI 他引 1221 次，将 DPABI 应用于研究中并发表论文的研究者来自遍布五大洲的 58 个国家/地区，充分证明了该平台的国际影响力。

基于脑影像大数据的抑郁症默认网络机制

自然科学奖二等奖

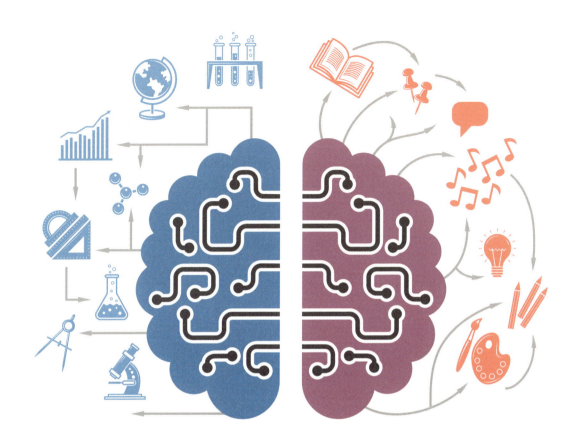

# 2021年

北京市科学技术奖获奖项目

**FLASH INNOVATION**
创新在闪光（2021年卷）

# 服务国家重大需求

# 小小芯片让卫星定位进入寻常百姓家

撰文 / 罗中云

"全系统全频北斗厘米级高精度定位芯片研发及产业化"科技攻关项目的初心,是解决北斗定位芯片的产业化应用难题。在大量市场调研和技术预研,反复论证、迭代、不断优化的努力下,最终实现了高精度北斗卫星定位芯片的一系列重大升级,有力推动了北斗导航领域的科技进步。

从 20 世纪 90 年代起,我国就开始建设北斗卫星导航系统,至 2020 年已相继建成北斗一号、北斗二号、北斗三号系统,其导航、定位、短报文通信等功能的服务覆盖范围也已从亚太地区扩展到了全球。

但北斗系统要真正实现深度化、规模化应用,还需要为各类终端用户开发相应的芯片,其中就包括用于卫星定位的芯片。这种应用市场的变化,催生了我国一批优秀卫星定位芯片研发设计企业的诞生。2009 年,正值我国北斗二号建设紧锣密鼓之际,和芯星通科技(北京)有限公司(以下简称"和芯星通")成立,它是北京北斗星通导航技术股份有限公司的旗下企业。

得益于母公司在行业内深厚的产业积累,该公司成立伊始就致力于高性能卫星定位、高集成度芯片研发。为了解决北斗定位芯片的产业化应用难题,公司在北京市科委等单位的支持和指导下,承担了"全系统全频北斗厘米级高精度定位芯片研发及产业化"科技攻关项目。

之所以要下大力气开展科技攻关,当时主要有三方面考虑:一是充分发挥我国自主建设的北斗系统的优势,更好地满足各领域的定位需求,促进北斗系统的规模化应用;二是从产

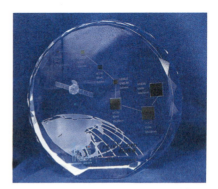

和芯系列北斗芯片

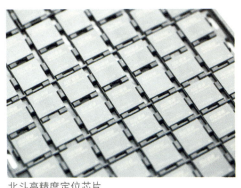
北斗高精度定位芯片

业升级角度考虑，北斗高精度应用需要实现大众化，而这需要大幅降低成本，尤其是要解决终端的规模化生产制造问题；三是从国际竞争角度考虑，芯片对北斗系统的支持已成主流，但我国北斗自主芯片的功能、性能、功耗、尺寸、成本等都需要进一步优化，才能在国际竞争中立于不败之地。

更为直接的原因则是一些新兴领域对于高精度卫星定位芯片的急切需求。其中，2015年左右国内兴起的智能驾考应用，使得高精度芯片板卡一年的需求量由几万级达到了十万量级。而随着无人机、机器人、智能驾驶及无人驾驶等新兴市场的打开，高精度的卫星定位不可或缺。但在当时，卫星定位芯片无论是性能、尺寸、功耗，还是成本等，都很难满足市场的需求。因此，研发新一代高性能、高可靠、低成本、小型化北斗定位芯片以及核心模组可谓迫在眉睫。

此项目获批后，和芯星通组织科研人员做了大量的市场调研和技术预研，反复论证、迭代、不断优化，通过持续不断的努力，最终实现了高精度北斗卫星定位芯片的一系列重大升级。相关成果被认为"研制了完全自主知识产权的高集成度全系统全频北斗厘米级高精度定位芯片，有力推动了北斗导航领域的科技进步"，还获得了2021年度北京市科学技术进步奖一等奖。

**科技攻关推动我国高精度卫星定位芯片重大升级**

我国的北斗卫星导航系统核心功能主要有三方面，即导航、定位、短报文通信。而其定位功能的实现，必须要依赖定位芯片，但是厘米级的高精度卫星定位芯片研发难度大。在国内，芯片早期主要是用于测量测绘领域，一年只有几万台的消费量，且基本被国外产品所垄断。

和芯星通通过实施"全系统全频北斗厘米级高精度定位芯片研发及产业化"等科技攻关项目，研发出的新一代高精度卫星定位芯片在各方面都有了较大幅度的升级。

在性能上，突破了北斗卫星导航系统高精度定位算法以及全系统全频 RTK 定位、定向系列模组的多项关键技术瓶颈，特别是在双天线、全系统全频、抗干扰、PTK 定位、测向、通信链路中断下的 RTK 维持技术等方面，实现了一颗芯片多种方案的产品创新。

单纯的卫星定位只能在室外，进入室内或者隧道等就用不上了。通过与惯性器件等其他传感器的结合，不仅可以提高模组的定位精度，还具有惯性导航的作用，也就是说进入室内、隧道、地下等空间后，仍能结合之前移动的速度、方向等数据，以一种"惯性"的方式自主推算出最新的位置。

这种定位方式对于行驶的车辆尤其重要。比如当车辆行驶在高速公路上时，经常要穿越隧道，那时单一的卫星定位就不灵了，但卫星定位与惯性定位相结合后可以继续让其保持定位。不过这种定位方式也有局限性，随着时间的延长及距离的增加，其定位精度也会降低，误差会越来越大。

另外，卫星定位需要信号传输，但在某些情况下，通信链路有可能不稳定，甚至中断。这种情况下怎么办？科研人员通过攻关，取得了一项重要的专利，那就是能在通信中断 600 秒（10 分钟）时，仍然可让移动的物体保持厘米级的定位精度。

## 成功实现国产替代，占据国内无人机 60% 的市场

新研发的芯片除了性能上的大幅提升，其尺寸也大幅缩减，经过不间断的优化改进，目前最小布板面积仅有 12 毫米 ×16 毫米，处于国际领先水平。这种小尺寸芯片占用的空间更小，集成度更高，功耗更低，也更适应多种终端产品及复杂环境的应用。

在以前，厘米级的卫星定位芯片都是一个大的板卡，集成度较低，而且由于人工插针等原因，很难规模化生产，单体的成本较高。和芯星通科研人员研发的新一代高精度卫星定位芯片不仅尺寸小，而且可以像邮票般粘在主板上，实现快速贴片作业，更利于规模化生产加工，使得生产成本大幅降低，也打开了更多的应用市场。

这种高性能、高可靠、小尺寸、低成本高精度卫星定位芯片的诞生，不仅成功实现了国产替代，更成了行业领跑者，也使得卫星定位产业进入了一个新的时代。新一代芯片首先在无人机领域实现了大规模应用。要知道，无人机可谓是近年发展最快的行业之一，应用场景十分广泛。就民用方面而言，就有如喷洒农药、快递送货、

高空拍摄、飞行表演等各种用途的无人机。而其飞行过程中的定位，必须通过卫星来实现。

和芯星通研发的新一代高精度卫星定位芯片性能优、尺寸小、价格低，深受无人机等厂商的青睐。截至2023年6月，其芯片已占据国内高精度市场60%以上的份额。从芯片单体的销售量来看，则已从测绘测量领域的年均几万颗，快速增长到年出货百万颗。

**打开新兴领域应用空间，催生千万量级的行业大市场**

高性能、低成本的高精度卫星定位芯片同时也打开了机器人、智能驾驶等方面的市场。特别是一些具有实际用途的轻量化小型机器人，越来越需要卫星来实现定位，如智能化割草机器人。

在我国，虽然园林绿化中也会用到割草机，但大多时候主要还是人工的，且家庭使用量不大。但在国外，情形大不一样。特别是在一些发达国家，很多家庭有独立庭院，有大片的草坪需要定期修剪，以前只能靠人工操作割草机，相当费时费力，成本也很高，现在，无人操作的智能割草机的出现，则有效地解决了这一问题。这些智能割草机就会用到卫星定位芯片。在这方面，和芯星通研发的芯片有一大优势，就是即便在一些靠墙或角落里以及其他有部分遮挡的地方，也能保证智能割草机的精准定位。

还有车辆的定位，一般的定位精度是米级，但在一些特殊场合，比如驾驶员考试等，定位精度要求可能会是厘米级；另外，智能化汽车，比如智能驾驶汽车，其对卫星定位的要求都非常高。和芯星通开发的芯片也已部分进入了这个领域，预计将形成一个千万量级的大市场。芯片工艺不断提升，尺寸及功耗不断缩小，如手机等移动电子设备、可穿戴电子设备、共享单车等都已经大量应用北斗卫星定位芯片，从而让其真正走入寻常百姓家。

全系统全频北斗厘米级高精度定位芯片研发及产业化

科学技术进步奖一等奖

# 增强收发导航信号能力
# 让时空服务更加精准可靠

撰文 / 李晶

在物联网、无人系统等技术持续发展的背景下，国民经济对精准时空的需求达到了前所未有的高度，然而传统的卫星导航所提供的定位精度有限，信号易受物理遮蔽和多径干扰，从而制约了卫星导航与其他行业融合的深度与广度。面向多场景应用的空天通用灵巧时空服务系统以"时空精准、信号柔性、载荷灵巧、服务多样"的设计定位，将北斗信号接收灵敏度提升到12dB，可用性提升超过50%，定位精度由6米提升至0.2米，为我国工业互联网、新型交通等领域提供了更为精准可靠的时空保障。

北斗，一个知晓度很高的名字，它既是苍穹中的星辰，又是我国自主全球卫星导航系统的名称。在世界范围内，目前共有四大卫星导航系统供应商，包括中国的北斗卫星导航系统（BeiDou）、美国的全球定位系统（GPS）、俄罗斯的格洛

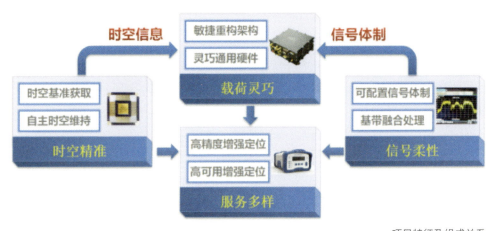

项目特征及组成关系

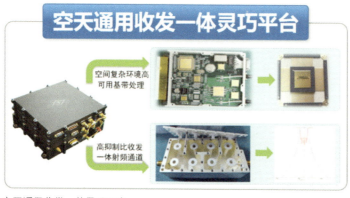

空天通用收发一体灵巧平台

纳斯卫星导航系统（GLONASS）和欧盟的伽利略卫星导航系统（Galileo）。

### 时空服务的中国进展

事实上，全球卫星导航系统是为用户提供信息空基无线电导航定位服务的，应用范围非常广泛。在军事、资源环境、防灾减灾、测绘、电力电信、城市管理、工程建设、机械控制、交通运输、农业、林业、渔牧业、考古业、生活、物联网、位置服务等领域均有应用。简单说，凡是需要位置、时间和信息的领域，都可以应用卫星导航技术。

然而，因为卫星导航定位系统本质上是一种无线电导航系统，所以仍然会受到环境因素的影响，出现卫星导航信号弱或无法定位的情况。这与北斗等卫星导航系统自身无关，而是环境造成的。在这种情况下，需要卫星导航技术加持的户外工作就有一定潜在风险。如在林区巡检时，如遇到导航信号弱或无法使用导航，就可能造成迷路等情况。也就是说，身处户外密林或高楼林立的城市"丛林"中，导航信号因环境影响会导致可用性变差；未来针对智慧物流、自动驾驶等高精度定位的需求，也可能因信号弱导致无法定位。

为了解决导航可用性差的问题，国内外都在开展相关的研究。"面向多场景应用的空天通用灵巧时空服务系统研发与应用"项目着眼于特殊场景下导航终端可用性提升难题，结合我国建设"更加泛在、更加融合、更加智能"的综合时空体系战略，设计了一种"时空精准、信号柔性、载荷灵巧、服务多样"的时空增强服务系统。

目前，这一成果发表论文23篇，获发明专利21项，所突破的关键技术服务于低轨卫星通信网络星座、空间站交会对接、高分辨率对地观测卫星等多个国家重大工程，为工业互联网、新型交通等领域提供精准可靠时空保障，为我国"十四五"新基建和首都智慧城市建设提供了高性能时空服务技术支撑。

### 增强收发导航信号能力 让时空服务更加精准可靠

**两项核心组件，巧解四大问题**

面向多场景应用的空天通用灵巧时空服务系统，是由空天通用灵巧导航载荷和多样化按需服务导航终端两部分组成。

所谓"空天通用灵巧导航载荷"有着几层含义，其中"空天"指的是天上的卫星和空中的无人机，"空天通用"描述的是整个系统可以在卫星或无人机上进行搭载，当然所配置的功放要根据距离远近有所区别。此外，空天通用灵巧导航载荷还需要具备自主时空信息精准获取与维持的能力，并自主播发多场景导航增强信号，起到类似信号放大器的功效。

有了更强的导航信号后，服务对象一定能够顺利地应用卫星导航服务吗？答案是并不一定。因为，信号强弱与接收信号的导航终端设备也有关系。

面向多场景应用的空天通用灵巧时空服务系统的另一个组成部分——多样化按需服务导航终端，即接收导航增强信号的重要设备。它可以通过接收北斗信号及多场景导航增强信号，实现高精度和高可用等多样化导航服务能力。

通过面向多场景应用的空天通用灵巧时空服务系统，目前项目团队已经陆续解决了平台自身"定不准"、信号体制"融不好"、载荷硬件"做不小"和按需服务"用不上"等四个主要问题。

首先，为解决平台自身"定不准"问题，项目团队研制了国内首款面向宇航级应用的多模导航芯片。这款芯片突破了基于全球卫星导航系统的深耦合时频驯服、动力学模型补偿高精度定轨等关键技术，实现了星上实时定轨精度由 10 米提升至 3 米，自主守时精度提升至 6 纳秒，轨道预报 10 分钟 10 米的精度。

什么是"宇航级应用"呢？其实就是能够在卫星上应用。在太空中，电磁辐射环境较恶劣，大规模集成电路常常会受到干扰，在宇宙中的单个高能粒子摄入半导体器件敏感区，就会造成器件逻辑状态翻转，导致系统功能紊乱，严重时还会发生灾难性事故。我国发射的风云一号 B 气象卫星就曾因计算机电路芯片受空间高能粒子袭击，产生单粒子翻转，引起计算机工作失常，姿控系统故障。1995 年我国发射升空的实践四号卫星搭载了两台用于单粒子事件测量的监测装置，在入轨后的 19 天内就发生了 65 次翻转。

为了实现在太空中的长久平稳运行，项目团队不断研发测试，经过数年潜心积

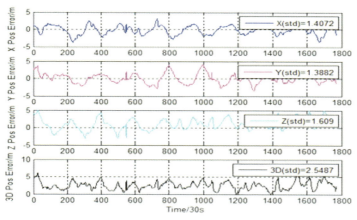

星上自主定轨 10 分钟后精度优于 10 米

累使得芯片具备了抗辐照能力。目前，项目团队研发的宇航级芯片已应用于空间站交会对接、嫦娥探月、高分遥感等我国航天领域的重大工程之中，以及珠海一号、微厘空间等民用和商用的卫星任务中。

其次，在解决信号体制"融不好"的问题时，项目团队在国内首次提出了基于正交频带调制的导航增强融合信号体制。频带正交是通过将信号分成多个相同带宽的子信道，且每两个相邻子信道采用相互正交的载波而实现的一种提高频带利用率的无线电通信技术。相当于将信号传输的通道进行了数量级的拓展，从单通道变成了多通道并行。

正因为突破了信号与信息增强共频带一体化播发技术及弹性效能分配与高效融合处理技术，项目团队由此实现了信号及信息增强一体化播发，信号参数可灵活调整，星上资源开销下降30%，即为卫星减少了三成的额外通信量。

再次，在解决载荷硬件"做不小"问题方面，项目团队研制了国内首款面向导航增强应用的空天通用弹性可重构灵巧硬件平台，实现了服务模式全系统的秒级切换。这项创新，突破了功能软件灵活配置技术和硬件动态映射的弹性可重构技术，使得上星载荷由4千克缩减为1.5千克，软件重构时间小于1秒。

目前，项目团队研发的相关载荷已经在一些航天器上得以应用，如多功能试验卫星，已在轨运行。无人机搭载方面，该载荷也实现了应用示范，并应用于部分地区的林区巡护及应急处置工作之中。

最后，在按需服务"用不上"的问题上，项目团队在国内首次提出了终端多样化导航服务新架构。这一架构的提出，突破了信号融合式高可用定位技术和信息增强式高精度定位技术一体化难题，使得导航服务的可用性由原来的不足 30% 提升至 50%，接收灵敏度提升 12 分贝，精度优于 20 厘米。相当于为终端设备配上了一双"顺风耳"，即使因环境因素导致导航信号变弱，高灵敏度的终端设备仍可以接收数据，维持稳定链接，大幅提高了终端性能。

### 航天"四个特别"精神的践行者

60 余年来，我国的航天事业栉风沐雨、不断进步，经过几代航天人的接续奋斗，创造了以"两弹一星""载人航天""北斗工程""月球探测"等为代表的辉煌成就，走出了一条自力更生、自主创新的发展道路，沉淀了深厚博大的航天文化，形成了中国航天的"三大"精神。

其中"特别能吃苦，特别能战斗，特别能攻关，特别能奉献"的载人航天精神，在项目团队的科研攻关中体现得最为真切。

此外，项目团队还有三个特别之处。第一是特别年轻，项目团队成员平均年龄只有 35 岁，年龄最大的也只有 41 岁；第二是特别认真，每位项目团队成员都将"做到最好"作为目标，加班、熬夜在系统建设阶段几乎就是常态；第三是特别靠谱，项目团队成员之间坦诚相待，有一说一，遇到任何问题，大家头脑风暴、集思广益，相互补位，从不推诿。

以往卫星上需要精准时空信息，都是通过地面后处理方式实现的，在星上实现自主的处理，却并不是将地面设备搬上天这么简单。在攻关星上自主时空获取与维

载荷基带融合处理后 FPGA 资源开销降低 30%

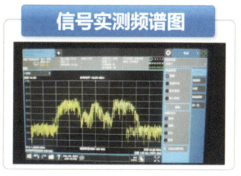

载荷生成信号频谱图

持问题时,团队就面临着星上资源有限、软件算法需要优化降低资源占用、硬件同样需要优化"瘦身"的问题。

为了在规定的时间内完成相关设备的上星要求,项目团队夜以继日地不断调整测试。某次实验后,一个信号质量的性能指标比预计稍微差了一点点。因为并未影响相关应用的测试结果,且原测试平台的任务有限,这个微小的差异是可以忽略不计的。但项目团队仍然没有因问题微小而不去重视,其中一位年轻的成员自告奋勇,誓要找到问题所在。昼夜兼程的排查过后,终于发现是平台上一个器件的特性导致了这次信号质量的问题,最终将这一器件更换后,彻底解决了这个信号的质量隐患。

发射不等人。航天发射有固定的窗口期,为了确保相关平台设备在窗口期顺利上星发射,项目团队中的几位年轻妈妈坚守岗位,无暇照顾家中的小孩,一位"准爸爸"担心远程操作耽误发射周期,急急忙忙从待产室回到了自己的岗位……

尽管忙起来昼夜不分,但项目团队的成员们仍"累并快乐着",因为他们这些新一代的航天人,仍然传承着老一辈的精神,用他们的实际行动为航天事业书写出新的篇章。

项目设备调试现场

**获奖情况**

面向多场景应用的空天通用灵巧时空服务系统研发与应用

科学技术进步奖一等奖

# 中国天眼：观天巨目，世界之最

撰文 / 吉菁菁

2022 年，"500 米口径球面射电望远镜测量与控制关键技术及应用"获得 2021 年度北京市科学技术奖"科学技术进步奖一等奖"，作为这只"观天巨目"的"神经中枢"，该成果主要属于精密工程测量与控制领域，同时涉及天文学、力学、机械工程和岩土工程等多个学科，几乎在每个学科方向都进行了开创性的工作。在国际上少有前路可借鉴的情况下，FAST 团队推动并完成了我国射电天文由梦想到现实、从追赶到领先的世纪跨越。

磅礴星空之下，苍茫群山之中，位于中国贵州省平塘县的一只巨型的"眼睛"正不眠不休地探索着深远的宇宙。

它是地球上最大的单口径射电望远镜，500 米口径的大小有着 25 万平方米的总面积，相当于 30 个标准足球场，138 米的垂直距离相当于 50 多层的建筑楼高；它也是地球上最灵敏的单口径球面射电天文望远镜，综合性能是第二名的美国"阿雷西博"望远镜的 2.25 倍左右。身在喀斯特地貌这样的溶蚀洼地，无论是遥远脉冲星的微弱"心跳"，还是中性氢的隐匿"谱线"，抑或是亿万光年外宇宙边缘泛起的"涟漪"……坐地巡天的它都能凭借"火眼金睛"，将其一一"捕获"并"留影"。

它被誉为"中国天眼"，全名是"500 米口径球面射电望远镜（FAST）"。自 2016 年 9 月建成以来，年观测时长已超 5300 小时，助力全球科学家们迎来井喷式的

500 米口径球面射电望远镜（FAST）捕获信号的概念图

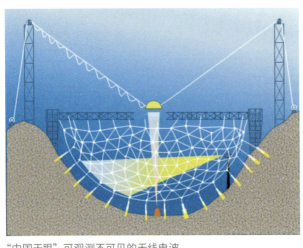

"中国天眼"可观测不可见的无线电波

科研成果,让天文学领域突飞猛进。可以说,它每一次的"眨眼",都极大地延伸了人类观察宇宙视野的极限。

然而,回望"中国天眼"这项超级工程的诞生,这段不平凡的建设历程却并不完全顺遂,甚至还有几分惊险。

这是一次被"中国天眼"建造工程的主要发起者和奠基人南仁东先生称为"从追赶到超越"的尝试,前后共历经 20 多年。中国科学家们从完全落后的位置开始"起跑",用智慧和勇气克服了无数的艰难险阻,最终使"中国天眼"创下了多项"世界之最",并且在未来 10~20 年,都将始终保持世界一流设备的"领跑"地位。

### 困局交织:山重水复疑无路

常见的光学望远镜通过可见光进行观测,而作为射电天文学的"利器","中国天眼"则通过观测不可见的无线电波(在空气和真空中传播的射频频段电磁波)来探索宇宙的未知。

当宇宙中的平行电磁波遇到抛物面后,会反射并汇聚到某一焦点位置,如果此时在焦点位置处放置一台接收机,就可以收集电磁波信号,从而进行天文观测。抛物面的面积越大,收集到的信号就越多,也就因此可以探测到更遥远、更暗弱的天体。

基于这个原理,"中国天眼"的"神经中枢"是这样设置运行的:以能在球面及抛物面间灵活切换的反射面板为"眼球",以吊置焦点处的一台馈源舱为"瞳孔"——就像人类转动眼球观察事物一样,"天眼"每完成一次转动"眼球"的动作,即改变了抛物面在反射面的位置,馈源舱聚焦的"瞳孔"位置也同步发生改变,因此就能"看到"不同方向的天体。

这样的"神经中枢"系统构成极其复杂,对工业测量与控制领域提出了高难度的技术挑战。

首先，需要反射面索网每条钢索都能如臂使指，并经得起 200 万次以上长期的来回伸缩，完成反射面精确控制；其次，要保证在贵州"天无三日晴"的多云、多雾、多露水的苛刻气候下，在公里级尺度上实现馈源舱毫米级精度的全天候动态测量与控制；再次，需要在成本可控的条件下，确保"中国天眼"的观测能够长期、稳定、精确运行。

怎样区别于传统射电望远镜，让 500 米口径、4000 多块面板的反射面实现安全稳定的"主动变形"？6 根钢索在 140 米高空、206 米范围内吊起重达 30 吨的馈源舱，在风雨等天气因素的影响下，如何去实现毫米级别的精度控制？面对世界最大规模的"巨目"，研制怎样一套"眼保健操"才能既提高其"用眼效率"又能长期维持健康"视力"……

"没人告诉你可以怎么做，谁也没有把握自己的方法一定行。"这些严峻的工程技术难题犹如横亘在前的拦路虎，经历了无数个"山穷水尽疑无路"的不眠夜晚，FAST 团队靠着默默坚守和敢啃硬骨头的精神，和多家科研单位凝力合作，用了近 18 年的时间反复去锤炼这个看似不可能的创意，终于迎来了柳暗花明。"中国天眼"的设计方案得以完善，并于 2011 年 3 月 25 日正式动工。

**百次失败：咬定青山不放松**

反复试验、多次失败、越挫越勇的艰难攻关贯穿了 FAST 建设阶段几乎每一个环节。

在"中国天眼"建设初期，FAST 主动反射面的主要支撑结构——索网工程是第一个亟待突破的重点难题。

"中国天眼"反射面板虽只有 1 毫米厚，但要使用 2000 多吨铝合金。作为世界上第一个需要采用变位工作方式的索

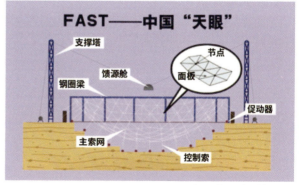

FAST——中国"天眼"结构情况

网体系，球面和抛物面频繁切换的变化对支撑整个"眼球"底部的钢质索网提出了超高要求：6670 根钢索每一根都必须在至少 30 年的时间里，长期承受住 500 兆帕的疲劳应力、完成 200 万次的循环，这种强度是传统规范规定的 2.5 倍以上，也是全世界范围内从未被实现过的钢索疲劳性能。

"如果钢索问题不解决，整个天眼工程的建设就得停滞。"经历了市面上所有能买到钢索的失败，FAST 团队最终下定决心开启了一场艰苦卓绝的研发。

这是一项史无前例的工作，一切都是摸着石头过河，没有绝对的把握成功，更困难的是还有严格的工期节点。好在功夫不负有心人，经历了近百次失败，度过了充满太多不确定性和难以想象压力的日日夜夜，经过近两年的不懈努力，FAST 团队全方位地改变了钢索的制造工艺，包括涂敷工艺、新锚固技术、新材料等，终于研制出了理想中的超高耐疲劳新型钢索。

2015 年 8 月 6 日，索网制造和安装工程通过竣工验收，"中国天眼"创下三项世界之最：拥有世界上跨度最大、精度最高、工作方式最特殊的主动变位式索网结构。

同样，就是靠着这股"咬定青山不放松"的坚韧精神，FAST 团队用持之以恒的坚定决心化解了重重困难，顺利完成了工程的主要建设目标：在贵州平塘的喀斯特洼地内铺设口径为 500 米的球冠形主动反射面，通过主动控制在观测方向形成 300 米口径的瞬时抛物面；采用光机电一体化的索支撑轻型馈源平台，加上馈源舱内的二次调整装置，在馈源和反射面之间无刚性连接的情况下，实现高精度的指向跟踪；在馈源舱内配置覆盖频率 70 兆 ~3000 兆赫兹的多波段、多波束馈源和接收机系统；针对 FAST 科学目标发展不同用途的终端设备；建造一流的天文观测站。

同时，在设计和建造中，FAST 工程也实现了三项重大自主创新：利用贵州天然的喀斯特洼坑作为台址；洼坑内铺设数千块单元组成 500 米球冠状主动反射面，球冠反射面在射电电源方向形成 300 米口径瞬时抛物面，使望远镜接收机能与传统抛物面天线一样处在焦点上；采用轻型索拖动机构和并联机器人，来实现接收机的高精度定位。

### 中国智造：轻舟已过万重山

2016 年 9 月 25 日，这个项目总投资 11.8 亿元，由我国自主研制、仅相当于几公里地铁造价的超级科学工程建设完成。

基于双靶互瞄模式的控制网自动化观测系统，能够克服 FAST 在洼地气候条件下异常显著的大气折光率和大高度角观测误差的影响，可观测角度达到 40 度，将控制网测量周期由数月缩短至 10 分钟内，并实现了 0.3 毫米平面定位精度和 0.2 毫米的高程精度，为望远镜控制提供了高精度的位置基准。

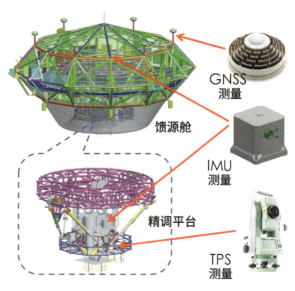

馈源舱结构

通过安装在半空、重达 1600 吨索网上 4450 块反射面单元的组合运动，"天眼眼底"的 2200 多个液压促动器扮演"神经元"的角色，将 500 米口径中的 300 米从球冠的一部分变成一个抛物面。针对反射面实时及全天候反馈测量需求无法实现情况，为更高效使用天眼观测，团队另辟蹊径地利用研制的高精度自动化静态测量技术，结合力学仿真技术构建了与实际结构足够贴近的力学模型。通过将现场温度场测量参数导入作为该力学模型边界条件，从而建立三维参数空间的控制模型数据库指导反射面控制，实现了反射面 3.3 毫米精度的全天候实时动态控制能力。

为实现对于平行电磁波的点聚焦，FAST 馈源舱必须在 140 米高空、206 米范围的焦平面上和反射面运动相互配合，达到 10 毫米以内的精确控制。但贵州雨雾天气较多，传统光学测量技术易受气候影响。团队因此在全站仪 (TPS) 测量技术基础上，引入了卫星导航定位系统 (GNSS) 及惯性测量组件 (IMU)，针对馈源舱的动态特性及各种测量手段的实测误差模型，利用卡尔曼滤波理论发展了低速模式下的 GNSS/IMU 融合技术，实现了不同技术手段之间的优势互补，最终解决了野外条件下高精度、高动态、全天候的测量技术难题，这一创新设计理念大幅提升了"中国天眼"的指向精度。

工欲善其事，必先利其器。2020年1月11日，"中国天眼"通过国家验收并正式投入使用，在短短三年左右的时间里，400多个项目依托"中国天眼"进行观测研究，催生了超150多篇高水平论文，其中包括在《自然》与《科学》这类国际顶级期刊上发表的文章。截至2023年7月25日，"中国天眼"已经发现800余颗脉冲星，这一数量是国际上同一时期其他所有望远镜发现脉冲星总数的3倍以上。

它已助力我国在世界天文领域从落后到反超，再到榜首。"中国天眼"的"睁开"，标志着我国天文事业正式进入了领跑的新时代。

**探秘未知：笃行致远新征程**

2021年4月1日，"中国天眼"正式对全球科学界开放，征集来自全球科学家的观测申请，在壮阔星空之下，邀请世界一同分享中国科技的光辉。

"中国天眼"已进入成果爆发期，其在快速射电暴起源与物理机制、中性氢宇宙研究、脉冲星搜寻与物理研究等方向持续产出成果，特别是今年以来，更发布多个重要成果，包括发现轨道周期仅为53分钟的脉冲星双星系统、探测到纳赫兹引力波存在的关键性证据等，继续保持了我国在低频射电天文学方面的国际领先地位。

但是，"中国天眼"的问天故事，还未结束。

面对未来，科学家们知道科研的道路仍然"路漫漫其修远"，他们将继续战胜一切挑战，迎接更多的科学发现，为中国的天文事业增光添彩。

"如果只把FAST当成一个望远镜、一台监测设备，现在已经达标了。"团队负责人坦言，"但要维持FAST世界领先的地位，我们的创新就不能停下来，我们会倾尽全力让FAST稳定性更好、运行效率更高。"

500米口径球面射电望远镜测量与控制关键技术及应用

科学技术进步奖一等奖

# 疏通新能源电力经络
# 为大电网"强筋健骨"

撰文 / 吕冰心

我国电网多年来安全稳定运行的背后,离不开创新。"提升新能源消纳能力的大电网安全稳定量化评估与控制技术及应用"项目为大电网提供支持,助力新能源高占比电力系统的稳定水平提升,为北京市高端产业升级、能源供给安全及低碳绿色发展作出了重要贡献。

---

电网安全稳定运行,是关乎社会发展和人民生活的重要议题。试想一下,我们身处没电的世界会是什么样?夏天酷热难耐、冬天寒冷彻骨,黑暗、停滞成为常态,不安的情绪逐渐蔓延……

时至今日,因新能源脱网引发的大停电事故,在欧美澳等国家和地区依然时有发生。相比之下,我国电网多年来安全稳定运行,在这背后,创新力量发挥了必不可少的支撑作用。

从2011年开始,"提升新能源消纳能力的大电网安全稳定量化评估与控制技术及应用"项目瞄准新能源安全消纳量化评估和大电网多维优化协同控制两大核心难题,持续疏通新能源电力经络,为大电网"强筋健骨"。

项目成果提升了我国华北、西北等新能源高占比电力系统的稳定水平,突破了制约我国新能源安全高效消纳的主要技术瓶颈,有力地支撑了电力行业安全生产和健康发展,也为北京市高端产业升级、能源供给安全及低碳绿色发展作出了重要贡献。

## 新能源接入,让电网安全面临挑战

过去几十年间,我国传统电网一直以交流电为主,因此,关于电网的安全稳定分析以及支撑电网安全运行的基础理论从未改变。从2011年以后,随着以风、光发

孙华东主持新能源建模及机电电磁耦合仿真分析研究工作

电为主的新能源和直流电接入，电网开始面临许多新问题。

首先是电网安全。电网的稳定和安全关系国计民生，虽然我国很多年来都没有发生大的停电事故，但这并不意味着停电离人们很遥远。

这是因为，在新能源接入电网后，如何安全高效地对其进行消纳是世界性难题——尽管西方国家的新能源发电资源与负荷分布均衡，消纳基础优良，因新能源脱网引发的大停电事故却依然时有发生。就在2016年，南澳大利亚发生了持续50小时的大停电。2019年，英国发生的大停电使超过100万人受到影响，严重扰乱了人们生产生活的正常秩序。

其实不管是在国外还是国内，新能源脱网导致的停电故障，风险都相当大。2011年前后，我国华北、西北等地区曾发生近百起、50万千瓦以上的新能源脱网事故，导致新能源无法正常输送，严重威胁了电网安全运行和新能源安全消纳。

就我国而言，新能源的安全消纳与电网稳定运行，面临比西方发达国家更加严峻的挑战。由于发电资源分布相对平衡，西方国家可以就地消纳新能源，并不存在远距离输送的问题，因而电网稳定性相对较好。而我国超过80%优质风、光资源位于"三北"地区（西北、华北、东北），负荷中心却是在"三华"地区（华北、华中、华东）。

这种资源与负荷逆向分布的特点，导致新能源电力必须远距离送往负荷中心，这进一步加剧了形势严峻性。因此，为保证各地的绿色供电安全，需要首先攻克新能源安全高效消纳的难题。

除了远距离输送的挑战外，新能源本身的弱支撑和低抗扰特性，也导致电网支撑和调节能力骤降，为电网安全增添了一片"疑云"。

如果说传统电能是"压舱石"，能够对电网起到支撑、稳定的作用，那么新能源则像是轻飘飘的"纸片"，有一点风吹草动就会飞走。因此，越多的新能源接入，意味着电网强度下降越多。一旦电网无力支撑、发生振荡，就可能导致连锁性的脱网事故发生。

概括而言，我国电网安全和新能源消纳未来面临两方面重大挑战：一方面，系统安全稳定的影响因素倍增，运行风险难以精准量化；另一方面，电源涉网性能难以适应大规模新能源接入需求，扰动故障呈现离散性和不确定性，协同控制难度剧增。因此，业界亟须攻克新能源安全消纳量化评估，以及大电网多维优化协同控制两大核心难题。

实验设备

### 四项技术突破,全力支撑电力安全

拥抱变化才能迎接新局。"双碳"背景下,我国能源产业向绿色低碳转型的步伐不断加快,这也对电力系统科研人员提出了更多要求。

通俗地说,电力系统科研人员就像一个个"水利工程师",他们负责疏通河道,保证下游用户可以随时享用水资源。在他们看来,新能源类似补水支流,电网类似河流主流——由于"新能源支流"的水源不稳定,断流或洪水改道的事故时有发生,而"电网主流"则或多或少存在兼容性差、泥沙淤积等问题,导致水流不再畅通。

和水流相比,现实中错综复杂的电网则面临更为复杂的情况。项目组科研人员解释,当他们谈论电网强度时,其实有两个层面的含义。

一是没有故障发生时(即稳态状况下)它的边界到底能承受多少设备,电网自身能提供的支撑力有多强。也就是说,如果把电网想象成一张网,必须首先考虑网的材料、编织的紧密程度等。二是当电力系统面临故障时(即暂态期间)电网的支撑能力,比如某根电线意外断裂,或野生动物导致电线短路等事故发生时电网的承受力。

在传统电力系统的教科书上,这两种能力已经形成了很完善的体系。"但这一切从新能源接入电网后都变了。"科研人员表示。因此,如何量化分析新能源对电网稳定性的具体影响、电网在暂态期间能承受多大扰动等一系列新问题亟待解决。只有攻克了这些难题,才能化解电网安全以及新能源消纳的现实困境。

从上述"痛点"出发,科研人员对该项目设定了两大主题,一是"量化评估",二是"优化提升防控"。

针对量化评估,科研人员分别突破了稳态边界量化评估、暂态稳定量化评估关键技术,构建了稳态安全边界量化体系,建立了兼顾电网暂态特性及新能源逆变器切换控制特性的暂态安全运行域,研发了电网强度量化评估软件,能满足全国新能源接纳规模评估需求。

针对优化提升防控,科研人员则是从多维优化预防控制、实时紧急协同控制入手,攻克了主动响应电网强度变化的电源控制策略优化技术,研制了场站级快速调频调压装置,建立了基于主导特征量的实时协调控制架构,研制了大电网安全稳定实时防控系统。

最终，项目通过了中国电工技术学会组织的技术鉴定。由中国工程院院士汤广福等专家组成的鉴定委员会认为，项目整体成果在国际上处于领先水平。

回顾汗水挥洒的十载岁月，回望挂满枝头的累累硕果，科研人员感慨道："正因深知自己肩负实现技术突破的责任，感受到解决技术难题的迫切，我们才下决心'摸着石头过河'。团队成员经常就技术分歧讨论到深夜，最终才收获了如今的成果。"

## 已推广应用于我国全部大区电网，32 个省级电网

目前，项目成果已应用于我国全部大区电网及 32 个省级电网的发展规划和调度运行，实现了高比例新能源接入大电网安全稳定快速量化评估，增强了各类电源主动支撑快速调节的能力，大幅提升了大电网稳定运行水平和新能源安全消纳能力，取得了显著的经济效益和社会效益。

其中，量化评估软件已应用于华北电网"十四五"规划、运行方式安排，支撑了我国全部大区电网及 32 个省级电网规划设计及生产运行。新能源场站快速调频调压装置应用于华北多个新能源场站，还推广至全国百余个场站。安全稳定实时防控系统涵盖范围包括华北、西北等大区电网，在保障电网安全的基础上，提升了新能源远距离输电能力 22.6%。

对于未来，科研人员憧憬无限，"希望量化评估软件全面推广应用于我国电网规划设计与调度运行；推进新能源改造工作，提升新能源场站对电网的支撑能力，从而更好地保证新能源安全并网消纳；进一步实现新能源场站快速调频调压装置及安全稳定实时防控系统在全国电网及海外市场的推广应用，更好地引领专业技术发展，保证更高比例新能源大电网安全稳定运行，提升跨区交直流混联电网新能源远距离安全高效消纳能力。"

## 大幅促进新能源安全消纳，助力双碳目标实现

从实际效果看，"提升新能源消纳能力的大电网安全稳定量化评估与控制技术及应用"项目成果大幅提升了我国新能源安全高效消纳能力，有力保障了北京绿色供电安全，促进了首都先进装备制造升级，并为我国加快能源转型、构建清洁低碳安全高效能源体系作出了多方面的贡献，影响积极且深远。

一是提升了新能源消纳率，助力"双碳"目标的实现。在多家单位的实际应用表明，项目成果促进了全国范围的新能源安全消纳，有效降低了煤炭等非可再生资源消耗，对我国能源结构优化并促进能源的可持续发展具有重要意义，为落实国家"双碳"战略提供了有力技术支撑。

二是促进了首都科技创新及产业升级。项目完成单位涵盖科研机构（中国电力科学研究院）、高等院校（清华大学）、风电制造产业（华锐和金风科技公司）、电力生产运行单位（华北电网有限公司和北京市电力公司）等，是北京地区产、学、研、用联合攻关的良好示范，带动了新能源、电力装备等先进装置制造企业的产业升级，提升了我国新能源高端装备制造业的国际竞争力及影响力。

三是支撑了电力安全，保障能源安全供给，避免停电事故。项目成果大幅提高了华北等地新能源场站主动支撑及新能源消纳能力，提升重要交直流通道输电能力22.6%，保障了全国范围内能源供给安全，为保证人们日常用电、正常工作和生活作出了贡献。

> **获奖情况**
> 提升新能源消纳能力的大电网安全稳定量化评估与控制技术及应用
> 科学技术进步奖一等奖

# 大型二氧化碳制冷及其跨临界全热回收关键技术与应用

撰文 / 陈俪昀

2022年冬奥会期间，二氧化碳跨临界直冷制冰技术为国家速滑馆、冬奥国家冰上训练中心的制冰需求，提供了极具特色的"中国方案"，这项技术是目前最先进、最环保、最高效的制冰技术之一，在服务冬奥会的基础上，还可以应用于大型商超、大型冷库和大型食品加工厂等，为提升我国安全、环保、低碳冷热一体化技术水平发挥了重要的作用。

2022年2月4日晚，第24届冬季奥林匹克运动会在北京开幕。被誉为"冰丝带"的国家速滑馆是冬奥会的标志性场馆之一，它拥有全球最大的采用二氧化碳跨临界直膨式制冷系统的冰面，也是全球首个采用"二氧化碳跨临界直接蒸发制冷"的冬奥速滑场馆。

二氧化碳跨临界直冷制冰技术，被视为目前最先进、最环保、最高效的制冰技术之一。二氧化碳虽是一种常见的温室气体，却具有环保、不可燃且无毒、易达到超临界状态等特点。有研究表明，二氧化碳跨临界制冷循环的性能，可以比传统制冷剂制冷热力学循环效率更高，且带热回收时性能更加优异。

为针对性解决传统氟利昂及氨工质制冷能耗高、安全性差、对环境破坏性较强等问题，北京大学张信荣教授带领团队在"大型二氧化碳制冷及其跨临界全热回收关键技术与应用"项目中不断深耕，并与设计、制造、应用等各相关团队密切合作，克服实际场景运用中存在的种种难关，建立了二氧化碳流动、传热特性、跨临界热力学循环优化设计的基础理论，研制了喷射器、油分离器等关键部件，构建了跨临界二氧化碳直膨制冷及全热回收和新型二氧化碳复叠式大型制冷系统。项目成果已发表论文120篇，获发明专利33项，出版英文专著2部，并获得2021年度北京市

二氧化碳跨临界直冷制冰技术为冬奥会制冰需求提供了"中国方案"

科学技术奖科学技术进步奖一等奖。

**二氧化碳制冷又供热**

  二氧化碳是众所周知的温室气体，人们多将全球气候变暖的原因归结于温室气体排放过多。那么，研究人员怎么会用二氧化碳来制冷呢？其实，二氧化碳作为制冷剂已有百年历史，在19世纪末至20世纪30年代前就被广泛应用，随着氨、氟利昂制冷剂开始应用，二氧化碳制冷剂便迅速地退出历史舞台。

  二氧化碳制冷有其天然优势。首先二氧化碳是天然物质，用其作为制冷工质，对大气臭氧层没有破坏作用，与现有制冷剂相比，可以大大减少全球温室效应。数据显示，二氧化碳制冷破坏臭氧层潜能值（ODP）为0，全球变暖潜能值（GWP）为1。而且，二氧化碳的运动黏度低，压缩比较低，单位容积制冷量大，且无异味、无污染、不可燃、不助燃，对常用材料没有腐蚀性，具有良好的热力性能和环保特性，是可持续性最好的冷媒之一。

  2015年北京冬奥会申办成功后，国家高度重视绿色办奥。往届冬奥会大多使用氟利昂、氨等作为制冰剂来制冰，但是氟利昂等会破坏臭氧层，造成严重的地球温暖化；氨则是有毒可燃物。这些传统的制冷方法对环境有着不小的破坏性。项目团队不断呼吁，也是吹哨人，建议采用环保工质天然物质二氧化碳来制冰，扩大天然工质的使用范围。

项目团队研发的二氧化碳跨临界制冷循环技术，是通过二氧化碳压缩机、气体冷却器、节流阀件、蒸发器等主要部件实现的。二氧化碳制冷剂通过低压蒸发器吸收热量后，直接蒸发变为过热蒸气进入跨临界二氧化碳压缩机实现压力提升，之后在超临界状态下进入气体冷却器对外放热，实现高压制冷剂的降温，进入节流阀件进行膨胀，降温降压后重新回流到蒸发器实现一个循环。

采用该技术的国家速滑馆智能能源管理系统，还通过高效回收制冷系统产生的余热，以回收的能量代替传统的锅炉供热，提供 70℃ 的热水用于运动员生活热水、冰面维护浇水、场馆除湿等。全冰面模式下每年仅制冰部分就能节省 200 多万度电，相当于 120 万棵树实现的二氧化碳减排量，整个制冷系统的碳排放趋近于零。

### 前沿技术的运用并不是一帆风顺

"二氧化碳是一种天然的流体，它能很好地承载和搬运能量，非常符合自然界的规律。"项目团队负责人表示，团队在进行大量的基础研究过程中还发现了二氧化碳的一个奇异现象。

一般热传递主要存在三种基本形式：热传导、热辐射和热对流。只要在物体内部或物体间有温度差存在，热能就必然以前述三种方式中的一种或多种从高温处到低温处传递。而项目团队在研究过程中，发现了二氧化碳活塞效应，也是第四类传热方式。

令人惊奇的是，二氧化碳在开放环境中能量的输运速度能够超过声速，在微小槽道里面也存在着这种现象。当

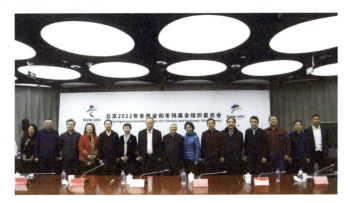

项目团队为北京 2022 年冬奥会和冬残奥会提供相关技术支持

通道尺度降到微米以下，尺度的减小将对对流产生抑制作用。但是，项目团队在国际上第一次发现了当二氧化碳处于超临界、近临界状态下，在微米尺度的通道里面，它的能量输运不仅没有被抑制，甚至可以超过声速。

项目团队针对二氧化碳制冷的一系列相关成果，引起了国际奥组委和中国奥组委的关注。从2017年起，项目团队负责人先后受邀成为"北京市2022年冬奥会工程建设领域专家""国家速滑馆二氧化碳跨临界制冷系统专家"和"国家速滑馆智慧场馆建设和应用关键技术研究与示范应用专家"等。

2019年，经过多轮技术磋商和专家研究，国家速滑馆最终选择二氧化碳作为制冷剂并采用跨临界制冷方式。彼时，国内的二氧化碳制冷技术尚未成熟，还停留在理论和实验层面。放眼全球，即便是最早探索二氧化碳制冰的北欧国家，也是近年来才在相对较小的1800平方米的标准冰场上使用这项技术。二氧化碳作为制冷剂应用于1.2万平方米的"冰丝带"冰面之上，绝非易事。

虽然作为制冷剂的优点众多，但是二氧化碳在临界状态下十分不稳定，仍然存在排气温度较高、温暖环境下性能低、节流损失大等问题。"因为物质的状态就是气、固、液三项，而气、固、液到了超临界状态就是第四种状态了，超过临界点就是相对未知的状态了，二氧化碳有时表现像气态，有时表现像液态，非常不稳定。"项目团队负责人解释说。

而且，跨临界二氧化碳压缩过程目前还离不开润滑油。润滑油会一直随着二氧化碳在系统里流动，特别是压缩完之后，超临界二氧化碳和油完全互溶，较难分离。"这么大的冰面，回油成了一个大问题。如何能够确保将二氧化碳和润滑油完美地分离开，不让油流动到冰面下面，更是项目工程中的一大难点。"

经过不断探索，项目团队改进了二氧化碳制冷系统设计，研制出新型高效二氧化碳直膨式制冷及全热回收系统，开发了中间压力供液以及平行压缩技术、半满液式二氧化碳平行压缩引射、桶泵供液的二氧化碳制冷技术，解决大型制冷效率低、"赤道线"制冷能耗高、冰面温度不均等问题，成功将国家速滑馆这条"冰丝带"的冰面温差控制在±0.5℃，远高于奥组委提出的±1.5℃标准。

针对二氧化碳和润滑油的分离难题，项目团队投入到低压端分油技术的研发中，不仅可以实现分油，还可以将二氧化碳的气态和液态分离。在这一过程中，项目团队研制出油气液分离器，开发了物理法三级油分离技术，为机组长期稳定运行提供了保障。

充分考虑到复杂工况下冰面质量保障以及冰面的可持续使用问题，项目团队负责人也在不断思考"二氧化碳跨临界制冷机组在多变的环境状态波动下如何保持最优性能"的问题，解决这一问题，就能让国家速滑馆在夏季也一样"丝带飘扬"。最终，项目团队研制出高效二氧化碳可调节喷射器，以及喷射器系统模式转换技术，彻底解决了传统喷射器适应性差、效率低等问题，将系统制冷效率提升达 20% 以上。

**二氧化碳制冷技术的未来展望**

除了在冬奥赛场上的贡献，二氧化碳制冷在其他领域也有着不小的发展前景。只要涉及冷、热、电、动力的应用场景，二氧化碳都能在各行各业的能源替代上发挥好的作用。

随着我国经济高速发展，矿产资源的需要越来越大。然而，煤矿挖掘存在着一个很大的问题，即许多矿井生产的深度远在恒温带的深度之下，大多要达到地下数百米，甚至上千米。在这个深度上，地温随即增高，当地温超过某一温度时，不可避免地会产生矿井的热害问题。在高温条件下劳动，矿工们会遭遇人体温度调节系统失衡，在失水、心功能不健全、过度出汗后汗腺功能衰竭的情况下，可能进一步促使热量在体内的蓄积，并导致大汗不止、体温升高、头昏、呕吐等中暑症状，甚至造成死亡。

为此，项目团队率先提出了"二氧化碳下井"的想法。过去矿井开采都是利用冷水来制冷，但是把地表 5℃ 的冷水送到地下几千米的深处，水温一下就变成 20~30℃，根本实现不了真正的降温目的。相对而言，用二氧化碳代替水实现降温和除湿，不仅效率高还对环境更友好，它能将地下的热能量运送到地面上，还可以取代地面上的锅炉。"热害其实只是放错了地方的资源，二氧化碳制冷技术能够让它变害为宝。"项目团队负责人感慨道。

此外，二氧化碳制冷技术也在助力前沿科技的发展。

2020 年 3 月，中共中央政治局常务委员会明确提出加快 5G 网络、数据中心等新型基础设施建设进度，党中央、国务院关于碳达峰、碳中和的战略决策对信息通信业数字化和绿色化协同发展提出了更高要求。数据中心内放置的都是电子产品，它们需要随时降温维持正常运行。数据中心规模越建越大，能耗也越来越高。为满足冷却的需求，大部分的数据中心选择建在海边或者江边、湖边。它们 24 小时不间断地释放热量，每天都有数百兆瓦的热量"灌输"入江河湖泊，不仅对湖泊的生态环境影响极大，同时也影响着湖泊的资源及使用。

几年前，项目团队开始研究二氧化碳制冷对数据中心的资源化高效利用，通过持续性地打造二氧化碳能源站，一方面给数据中心提供冷量，极大减少其耗电量，有效降低机房温度，另一方面，能源站也为冬季供暖提供热量，实现了一举两得。二氧化碳制冷技术的应用，大大降低了数据中心的电能利用效率（PUE），PUE 值可以降到 1.1 以下。

除此之外，二氧化碳制冷技术还能助力我国新农村建设。

我国农产品种类非常丰富，但是农产品的储藏物流却存在一些问题。依靠越建越多的冷库会使得能耗越来越高。与此同时，冷库保存的农产品的品质却并不高，对农产品的运输、加工也会造成影响。

传统建造的冷库通常使用氨制冷方式，因温差太大被诟病。因为温差大，导致食品中的水分易于散失，造成产品品质的劣变。然而，用二氧化碳制冷则更有助于实现产品的恒温、恒湿，同时冷库能耗可降到氨制冷方式的约十分之一，更容易实现零碳排，打造超低能耗冷库。对于实现"双碳"目标、带动"一带一路"建设、实现乡村振兴均有较大的促进作用。

起始于冬奥赛场，惠及社会的方方面面，作为与能源相关的关键技术，二氧化碳制冷技术正在为推动经济社会发展全面绿色转型、实现碳达峰碳中和作出越来越多的新贡献。

大型二氧化碳制冷及其跨临界全热回收关键技术与应用

科学技术进步奖一等奖

# 百年京张脱胎换骨 智能建造领跑世界

撰文 / 赵玲

百年前,京张铁路建成通车,成为第一条中国人自行设计建设的铁路;百年后,为保障冬季奥运会的交通,京张高铁应运而生。"京张高铁复杂敏感环境地下站隧智能化建造关键技术与应用"项目的成果,写就了百岁京张蜕变新生的这段故事。

2019年12月30日,北京至张家口高速铁路正式开通运营,"京张线"展开了全新的历史篇章。

一百多年前,伴随着火车轰隆隆的声音,京张铁路建成通车,作为第一条由中国人自行设计建设的铁路,成为国人永远的骄傲。一百多年后,为了保障冬奥会的交通,京张高铁应运而生,开启了世界智能高铁的先河。从"最有骨气的铁路"到"世界上第一条时速350公里的智能化高速铁路",百年京张完成了蜕变。

但这蜕变来之不易。为了建造世界首条智能高铁,中国铁路建设管理有限公司、中国铁道科学研究院集团有限公司、京张城际铁路有限公司、中铁工程设计咨询集团有限公司、中铁五局集团有限公司、中铁十四局集团有限公司、中国铁路北京局集团有限公司等多家单位通力合作,在"京张高铁复杂敏感环境地下站隧智能化建造关键技术与应用"项目中克服重重难题,首创了高速铁路地下站隧工程智能建造体系,创建了世界文化遗产区超大跨深埋密集洞群地下站隧结构与环境构建智能化体系,系统创新了多敏源环境下高铁大直

设备模型展示

移动式钢轨闪光焊机

径盾构隧道智能化安全快速建造关键技术。相关研究结出硕果，获得了2021年度北京市科学技术奖科学技术进步奖一等奖。

**工程建造面临"史诗级难度"**

作为北京冬奥交通保障线、京津冀一体化经济服务线、百年京张文化传承线、世界首条智能高铁示范线，京张高铁在建造中遇到了许多情况复杂且没有先例的难题。例如，八达岭长城站和清华园隧道分别下穿世界文化遗产核心区和城市建筑密集区，地质复杂，环境敏感，面临巨大挑战。

以八达岭长城站为例，它是目前世界上结构最复杂、埋深最大的地下高铁站，建设中面临的工程技术难题包括超大跨隧道修建难、密集洞室施工组织难、文物与环境保护难、复杂地下车站运营组织难等。

看一看它的各项数据：埋深102米、洞室78个、断面88种、交叉口63处，最大开挖跨度32.7米、最大开挖面积494.4平方米，地下建筑面积5.88万平方米。相比之下，在国内外同类型车站中，京津城际铁路滨海站的埋深为65米，广深港高速铁路福田站（明挖）的埋深为31.5米；赣龙铁路新考塘隧道的最大开挖跨度为30.9

76

米，意大利威尼斯车站的最大开挖跨度是 30.0 米，韩国鹰峰公路隧道的最大开挖跨度是 25.1 米。可以说，八达岭长城站这样的配置，在交通地下工程建造中无疑属于"史诗级难度"。

超大跨隧道施工开挖、结构稳定、变形控制等难度极大，每一项遥遥领先的数据背后，对应的都是几何级增长的难度系数。

其次，站隧施工与地面施工一个极大的区别是：工作人员不能从四面八方到位，而需统一从隧道口进出。想要在有 78 个洞室、88 种断面、63 处交叉口的复杂结构中调配人员作业，无疑是一个巨大的挑战。

同时，该站点 2 次下穿八达岭长城，1 次长距离并行下穿水关长城，1 次超浅埋下穿百年京张铁路人字形线路，施工期间的爆破振动与沉降控制要求高、难度大；由于地处国家森林公园、毗邻野生动物园等环保核心区，对建设污水排放、粉尘和噪声控制的标准严、难度大。

此外，在密闭的地下环境中人们难免会感到压抑，如何基于声、光、风、温度等，营造一个使游客感觉舒适的环境，也是一个难点。

### 建成首座智能地下高铁车站

"会当凌绝顶，一览众山小。"想要睥睨全局，就必须跳出桎梏，站在新的高度。

在八达岭长城站建造之初，项目团队就首创了高速铁路地下站隧工程智能建造体系，提出了基于"模数驱动、轴面协同"的铁路地下站隧智能建造理论，并以"BIM+GIS"技术为核心进行了地下车站智能设计，针对整个工程结构进行了三维实景的虚拟还原，全景可视地对工程进行预制模拟，极大地提高了实际施工的效率，实现了洞室群空间布局与连接优化、碰撞检查等，形成了"勘察—设计—施工—运营—管理"过程可视

智能防排水板铺挂台车

化、智能化的统一管理平台，解决了有限空间内密集洞室布置的难题。

"简单来说，这相当于在实际动工之前，提前用电子版的形式给整个工程打个样，有不合理的地方也方便修改。"团队成员解释。

尽管前期有了三维规划的帮助，实际开挖过程中遇到的困难还是层出不穷。举例来说，要在地下挖出断面约 500 平方米的洞室，一般会采取爆破的方法，但这种方案必然会对上方的地层和周围已挖好的结构造成扰动，导致地表下沉等情况。

这么大的断面，应该先挖中间还是先挖外层，先挖上层还是先挖下层？团队采用数值模拟手段建立模型，进而计算出挖掘过程中的沉降和应力变化，确定了最合理的施工方法。

在此过程中，团队创立了超大跨隧道"品"字形开挖技术，将隧道断面分为 11 个部分，分区域开挖。概括地说，施工期间预留隧道核心提供支撑，先挖顶洞，自上而下、先两边后中间，重点部位锚固锁定。通过这个方案，最终隧道的拱顶最大累计沉降仅 17.3 米，在保证高效挖掘的同时，解决了超大跨隧道开挖及过程变形控制的难题。

超大跨隧道的施工难点在于减少变形，而密集洞室群的施工难点就在于协调庞大的人和机械数量。地下工程包括 78 个洞室、88 种断面、63 处交叉口，但进出隧道却只有一个通道。高峰期时，隧道中可能同时有几百人和 100 多台挖掘机、装载机等设备在作业，如何协调这些人和机器协同作业，成为一大难题。

"为了做好管理，我们给工人的安全帽和设备上加入了定位，实现了隧道中的网络化覆盖。通过网络连接，每个人、每台机器的定位都被掌握，并通过施工进度管理平台来进行统一的调度。"团队成员表示，通过这种精细化管理的方式，实现了对所有人、车的动态管控，保障了车站多点（13 个工作面）施工高效推进与对接，解决了单通道多点施工组织的难题。

八达岭长城站地处世界自然遗产区，为了不影响景区的风景，工程要弱化地上建筑体量，地下车站出口设计要"依山就势"，与自然融为一体，站厅外立面颜色与长城相协调。

长城景区每天游客如织，为了减少对景区的影响，团队采用微振微损伤精准爆破量化控制技术，将爆破震速控制在 0.1 厘米/秒，实现地面零沉降。用团队成员的话说，这相当于"在长城上跺一下脚"，最大限度地消除了工程建设对文物和环境的不利影响。

此外，团队还采用工作面水幕降尘技术和地下车站清污分离排水系统等手段，有效降低了粉尘和污水对施工人员及八达岭景区环境影响，解决了施工期生态核心区环境保护难题。

值得注意的是，作为世界上第一条智能化高速铁路的地下站隧，八达岭长城站也被建成世界首座智能地下高铁车站——站台内采用砂岩吸声板材料，并使用洞壁吸声降噪技术和群洞布局的隔噪技术，将站台区的噪声控制在 80 分贝以内；利用"列车活塞风＋半高门设计"，巧妙地将风速控制在不影响人体感受的范围内，并在不使用主动降温技术的前提下将最高温度控制在 35℃以下，营造舒适的乘车环境。

在安全性方面，团队在既有系统基础上新研发 4 个子系统，提升了险情发现、警报及应急疏散能力；基于 BIM+GIS 解决子系统整合问题，实现平台化统一管理，提升了应急管理能力；基于 VR 仿真进行模拟演练，提升了员工应急处理能力，以保障复杂深埋地下车站中的旅客乘坐体验与生命安全。

"过五关斩六将"之后，团队终于在文保与环保核心区成功修建了世界上跨度最大、埋深最高、结构最复杂的智能高铁地下车站，大大提高了游客便捷度（乘坐京张高铁从北京北至八达岭仅需 31 分钟，出站步行至景区仅需 2 分钟），同时传承了百年京张铁路文化，践行了"绿水青山"发展理念，实现了文保与环保"双丰收"。

**清华园隧道"缝合"北京城市空间**

有别于八达岭长城站，清华园隧道处于北京市的核心区，这里地下建筑密集，面临着城市密集建筑保护难、大直径盾构智能精准控制难、大直径盾构高效掘进难、城市敏感环境绿色建造难等四大难题。

由于是在城市中心区动工，必须将对地面的影响降低到最小，清华园隧道没有使用爆破法，而是使用地铁施工中常用的盾构法。查阅资料可知，北京地铁所用的盾构机直径一般为 6 米或 8 米。不过，建造高速铁路需要更大直径的盾构机——京张高铁工程用到的盾构机，直径达到 12.64 米。

隧道直径越大，就会与越多的设施产生交集。清华园隧道侧穿北京地铁 13 号线，

同时下穿10号线、15号线及7条市政道路、88条重要管线。这样的情况，相当于在外科手术中，将一根针通过身体的某一部位穿到另一个部位，但不能影响途中分布的诸多器官、神经、血管。怎么在精准控制的同时保证效率，是这场"手术式施工"的难点。

这个问题的解决，依然离不开智能化技术。团队建立了三维地层响应分析模型，创新了大直径盾构穿越多敏源环境微沉降智能预测方法和智能控制技术，构建了盾构掘进可视化智能管控系统，突破了高铁大直径盾构精准控制高效穿越施工难题。

为了将盾构机产生的渣土运出去，团队揭示了高渗透砂卵石地层泥浆渗透成膜机理，掌握了环流系统卵石移运规律及大直径盾构掘进参数演变规律，为复杂地层高铁的大直径盾构安全掘进提供了技术基础。

同时，团队还首创了集防灾、疏散、救援与运营通风于一体的大直径盾构隧道装配式轨下结构，建立了轨下预制结构自稳定设计理论与方法，研发了高精度装配结构智能化拼装装备与配套工艺，实现了高铁盾构隧道全装配式结构安全快速施工。

在很多人的印象中，每当五道口有火车经过时，与铁路相交的城市道路交通就会暂时中断，巨大的人流车流在此处汇聚、停顿。而随着清华园隧道的贯通，这样的画面终于成为历史——新的京张高铁将改写老京张铁路穿城而过的往事，用地下行驶换来北京城市空间的"缝合"，为人们的"五道口记忆"换上新的底色。

坐着高铁看奥运，在长城脚下穿越，在清华园隧道飞驰，百年京张经历脱胎换骨后，焕发出全新光彩。回望百年历史，从自主设计修建"零的突破"到引领世界最先进水平，从时速35公里到时速350公里，京张线见证了中国铁路的辉煌发展史，也见证了中国综合国力的飞跃。

京张高铁复杂敏感环境地下站隧智能化建造关键技术与应用

科学技术进步奖一等奖

# 太空中的顺风耳与千里眼
## ——你所不知道的"东方红五号"

撰文 / 王雪莹 王佐伟

东方红五号卫星平台是对标国际一流的新一代大型卫星公用平台,亟须解决大附件、大贮箱复杂动力学难题,高承载、高功率任务和指标难题,强抗扰、强健壮系统实现和验证难题。由北京控制工程研究所等单位完成的"新一代大型卫星公用平台强适应自主控制技术研究与应用"大幅提升了控制系统适应性、自主性,带动多类国产核心部件技术成熟和产业发展,加速了数字孪生等先进设计验证手段在重大工程中的落地应用。

东方红,一个对每位中国人都意义非凡的名字。1970年4月24日,我国第一颗人造地球卫星"东方红一号"发射成功。自此,中国人"星辰大海"的梦想终于插上了飞天的翅膀。半个多世纪过去了,中国航天事业得到了蓬勃发展,"东方红"系列卫星历经五代发展,家族"星量"也在不断增长。作为我国最新一代同步轨道卫星平台,"初来乍到"的"东方红五号"卫星平台无疑是最耀眼的那一颗。

### 我们为什么要研发大型同步轨道卫星?

从1984年成功发射的"东方红二号"开始,"东方红"系列卫星一直是我国同步轨道卫星的主力军,同时也是我国同步轨道卫星的代名词。

所谓地球同步轨道卫星,是指运行周期与地球自转周期一致的卫星。不同于常见的商业小卫星,这类卫星

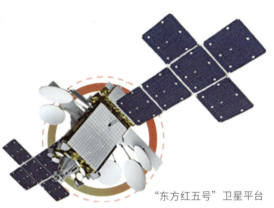

"东方红五号"卫星平台

北京控制工程研究所团队

所在的卫星轨道非常高,主要位于距离地球表面36000公里的赤道上空,因为"站得高",同步轨道卫星的发射成本十分高昂,因此这类卫星基本上会被设计成高价值、长寿命的大型卫星。

尽管造价不菲,地球同步轨道卫星的功能却十分强大:由于轨道周期与地球的自转周期相同,即一个恒星日,因而从地面上看,地球同步轨道卫星几乎是静止不动的。换而言之,地球同步轨道卫星能够一直"高悬"在我们的头顶,而这也使它们具备了宝贵的性能——针对同一地区做连续不间断的工作。正因如此,人们通常会将地球同步轨道卫星用于广播通信、电视直播、气象观测、对地照相、数据中继等领域。

大型同步轨道卫星不仅技术含量高、研制难度大,而且由于其所在卫星轨道的空间资源非常珍贵——只有地球赤道上空36000公里左右这么"一小圈",在保证卫星互不干扰的情况下,这一空间最多仅能容纳3000多颗卫星,可谓太空里真正意义上的"稀缺资源"。考虑到这类卫星轨道属于"先到先得",因而研发出用得久、功能强、载荷多的大型同步轨道卫星,已是一个国家综合航天实力的重要体现。

### 卫星平台:飞在天上的"乐高积木"

对于很多人来说,"卫星"一词可能并不陌生。相比之下,"卫星平台"似乎听上去就有些遥远了。那么到底什么是卫星平台呢?难道卫星在太空中也需要一个"中转平台"?答案当然是否定的。

一般来说,卫星可以被分为两大部分:平台和载荷。举例来说,如果将卫星视作一辆货车,那么平台相当于货车的车身,而载荷就是货车所装载的货物;如果卫星是一辆客车,那么平台就是客车的车身,而载荷就是客车所搭载的乘客……换而言之,卫星平台是用来承载各种不同载荷的基础,它能提供最基础的功能,允许"卫星用户"根据各自发射任务的不同,添加不同其他功能的专用模块,从而实现它们功能上的"变身"。

在同一个卫星平台上,只要安装了不同的有效载荷,就可以研制出各种不同用途的卫星。为了尽可能地适配不同需求,研发卫星平台时,科研人员通常会为其设计具有通用性的载荷平台,从而保证卫星平台的接口和其他参数在一定范围内可以适应不同有效载荷的不同要求。平台只需做出适应性微调,就能装载不同的有效载荷。

通常情况下,卫星平台可以被分为专用平台和公用平台两大类。相比较而言,公用平台的研制难度通常比专用平台大,因为它需要适应不同载荷的不同特点,而不同载荷的差别往往很大,且较难兼顾。这就好比制造一辆汽车,如果我们希望它既能拉货又能载客,那么它的车身底盘在设计时就更为复杂。

在我国,"东方红二号"到"东方红四号"系列卫星都属于通信卫星专用平台,是典型的"专台专用",因而其应用范围都较为狭窄;而"东方红五号"则是卫星公用平台,既可以用作通信卫星,又可以用作遥感卫星,能在太空中同时担任"顺风耳"(通信)和"千里眼"(遥感)的角色。

## 鱼和熊掌要"兼得"的大型卫星公用平台

大型卫星平台研发技术是制约一个国家卫星产业发展的重要因素之一。为扭转我国在大型先进卫星平台技术及应用方面相对落后的局面,2015年,"东方红五号"卫星平台计划应运而生。

作为一款对标国际一流的新一代大型卫星公用平台,"东方红五号"在设计之初就被要求能够兼容通信卫星和遥感卫星两种不同需要。然而,由于通信卫星和遥感卫星都各自有着鲜明的特点,在太空里想"兼得鱼和熊掌"却并不容易。

通信卫星星上转接箱

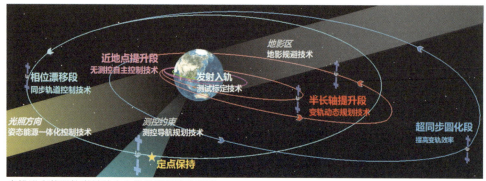

电推进大范围轨道转移自主优化通用变轨策略

对于通信卫星而言，由于其载荷功耗大，需要更多的能量，因而卫星的太阳翼面积往往要很大，只有这样，才能保证为卫星提供充足的能源。但是大面积的太阳翼在太空低重力环境下，其挠性振动问题非常突出。其次，通信卫星的寿命设定通常都很长，因此需要携带足够多的燃料。然而，大量的燃料也会带来麻烦：这就好比一个水桶，桶里的水装的越多，越难以维持它的稳定性。因此，在低重力的情况下，太阳翼面积越大，平台携带的液体燃料越多，卫星摇晃的问题就越突出，实现稳定的姿态控制就越难。

如果说，通信卫星的挑战是尽可能让它"晃得不要太厉害"，那遥感卫星要解决的问题就是"如何让姿态调整得又快又稳"。具体来说，遥感卫星就像是太空中的一个大型照相机，它的载荷通常为成像设备。大家都知道，拍照时一个手抖，拍出来的相片就容易模糊，其实遥感卫星也是一样的——想要成像清晰，遥感卫星平台的姿态就必须要稳。同时，为了对不同地区照相，遥感卫星平台还要具备快速调整姿态并且尽快稳定下来的能力。

一面是"晃得厉害"的通信卫星，一面是"越稳越好"的遥感卫星，想要同时满足这两种矛盾需求的卫星公用平台又该如何做呢？"东方红五号"给出了自己的答案，成就了太空中的"顺风耳"加"千里眼"。

## 四大创新，成就不一样的"东方红五号"

作为"东方红五号"项目研发团队的主要参与者之一，北京控制工程研究所研究员王佐伟表示，该项目在研发过程中不仅解决了四类关键技术难题，同时还提出了四项极具突破性的创新技术点。

首先，"东方红五号"提出了多维深耦合复杂对象强适应精准控制方法，攻克了迭代修正高可信等效力学建模技术、姿态与液体联合主动多目标精准控制技术，解决了大挠性附件、构型多变控制等难题，将卫星结构和参数不确定性的适应范围从以往的15%大幅提升到了40%，姿态控制精度更是由此前的0.06度提升到了0.02度。

在入轨控制方面，"东方红五号"同样取得了重大的技术突破。众所周知，由于地球同步轨道卫星的轨道高度较高，卫星通常需要进行多次变轨才能进入预定轨道，而这一过程不仅花费时间长，且对地面操作的要求也很高。如果该过程的控制能够完全由卫星自主实现，那么将大大减轻地面测控负担，显著降低人工成本。

为此，研发团队为"东方红五号"配置了两类动力系统——化学推进系统和电推进系统，并提出了电推化推协同优化全自主轨道转移控制方法。化学推进系统采用常规液体燃料，燃料消耗快但胜在推力较大，而电推进系统的推力虽小，但胜在燃料消耗得少。有了这两种动力系统的优势互补，"东方红五号"最终突破了大范围轨道转移自主优化控制、多模式电推进双闭环稳定控制等技术壁垒，解决了地影规避、无测控条件等多种同步轨道自主入轨难题，实现了大型卫星平台的减重增效，大幅提升了轨道转移运输效能，标志着我国电推进自主轨道转移控制技术达到了国际领先水平。

"在解决跨任务兼容、提高配置效能方面，我们也做出了很多创新。"王佐伟表示，借助主从分布式柔性星载控制系统软硬件构建方法，研发团队有效提升了"东方红五号"控制系统针对不间断通信载荷及多体制遥感载荷的跨任务适应性，将多用途公用平台单机互换率提升到了近100%，整体配置效能提高近30%。

那么，在恶劣的太空环境下，这些"大玩具"既不能像在地面上轻易维修，又想

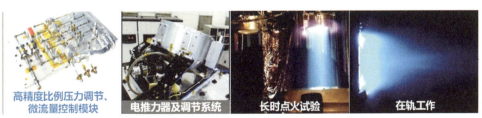

高功率多模式电推进系统

要保证它们的使用寿命，那我们又该怎么做呢？为此，研发团队提出了天地大闭环全生命周期数字孪生验证及同步进化方法。利用数字孪生相关技术，不仅大幅缩短了研制周期，节省了研制经费，还将卫星平台的寿命预估精度提升到了2.4个月，突破了国际平均3个月的寿命预估精度水平。

作为我国迄今为止体积最大、寿命最长、承载最强、自主程度最高的卫星平台，"东方红五号"既能满足未来20年通信、遥感等大容量卫星的多种应用需求，同时还有效填补了我国大型卫星平台型谱空白，是当之无愧的国之重器、民之利器。如今，"东方红五号"已成为全球最大的公用卫星平台，其多项指标达到了世界领先水平。

新一代大型卫星公用平台强适应自主控制技术研究与应用

科学技术进步奖一等奖

# 让固体氢能源走进"便利店"

撰文 / 杨柳

从储氢材料到储氢系统全链式的协同创新,"高效安全储供氢及氢同位素处理新材料关键技术及应用"项目发展了安全高效实用的储氢同位素技术,实现了可再生能源领域的应用,如在氚工艺系统、氢原子钟、燃料电池汽车和氢储能方面已实现应用和成果转化。

未来,只需安装一个矿泉水瓶大小的氢气罐(70克氢),氢能自行车就可以跑80公里。这些氢气用完也无须担心,从街头巷尾的便利店甚至自动贩卖机里,就能购买或更换氢气罐……

未来,固态储氢装置还可以与客车底盘进行一体化设计,氢能汽车的外观和现在的油车、电车一样。但它们不再需要频繁光顾加油站,充电站,而是去加氢站进行补给——轿车行驶1000公里只需要低压充氢3~5分钟,就算是大巴车,充满氢也就是10~15分钟。

上述这些场景并不是天方夜谭,而是指日可待。

## 绿色"氢宝宝"——变身氢能大力士

无论是固态储氢材料,还是氢能自行车,都离不开氢气这个无色无味却又"臭脾气"的小家伙。

16世纪中叶,瑞士科学家无意间从酸腐蚀金属的过程中发现了一种可以燃烧的气体。18世纪,英国化学家卡文迪许通过化学反应制取此种气体,并在论文中

储氢材料

阐述了他对这种可燃气体的实验研究。到了1787年，法国化学家拉瓦锡以"氢"来命名这种可燃气体。经过200多年的孕育，氢气才"姗姗来迟"，正式登上了历史舞台。

而时至今日，从五彩缤纷的氢气球，到化学工业中合成品的原料，再到航天工业中的高性能燃料，人们的生活生产中到处都有氢气的身影。

目前，氢的来源主要有三种：

一是"灰氢"，这是化石燃料（石油、天然气、煤炭等）经过化学反应产生的氢气。"灰氢"在生产过程中会有二氧化碳等大气污染物排放，如今占据了主要市场。

二是"蓝氢"，采用化石燃料制得氢气的同时，通过碳捕集、利用与储存（CCS）等技术，降低了二氧化碳等温室气体的排放，实现了低碳制氢。

三是"绿氢"，即采用可再生电力电解水制氢，制得的氢气，从源头上实现二氧化碳的零排放。

目前，我国是世界最大的制氢国，年制氢量约3780万吨，并以煤制氢方式为主（占比约63%）。未来，随着可再生能源发电的成本持续降低，"绿氢"占比将逐年上升，预计2050年将达到70%。

20世纪70年代"石油危机"期间，美国通用汽车公司首次提出了"氢经济"概念，设想用可再生能源或核能制氢来替代石油。但在随后的几十年中，氢能的发展随着环保和经济形势多次起落。在全球气候异常不断，大自然一次次给人类敲响警钟之后，主要发达国家陆续提出了减排二氧化碳的国家战略——氢能作为极具前景的清洁二次能源形式，被视为是支撑可再生能源替代化石燃料的重要选择，迎来了新的历史机遇。

团队成员正在操作试验

### "氢宝宝"的三种摇篮
#### ——固态储氢最有前途

氢气很"轻"，其密度只有空气的十四分之一。但作为易燃气体，它的储运却是"重中之重"。储运是氢能产业发展中的重要环节，同时也是氢能产业化应用的

"瓶颈"。

氢气的储存方法主要包括高压气态储氢、低温液态储氢、固态储氢三种。

高压气态储氢是指在高压下将氢气压缩，使其以高密度气态的形式储存。该方法具有能耗低、供氢快捷等特点，是如今技术最成熟、最常用的储氢技术。其缺点是储氢容器占用空间大，承压容器材料氢脆风险高，氢气密封难度大。例如，新一代丰田Mirai氢燃料电池乘用车，采用3个储氢罐，两大一小，分别布置在车厢中央、后排座椅下方和后备厢处，虽然比第一代有所优化，但较大的储氢罐还是挤占了本该属于乘客的空间。

目前，我国常以20MPa钢瓶用于固定储氢（产量占世界总量的70%）；车载储氢则主要采用35MPa碳纤维缠绕Ⅲ型瓶，70MPa碳纤维缠绕Ⅲ型瓶处于少量装车运行阶段。

低温液态储氢方式则是将氢气压缩，在低温环境下膨胀制冷后使其成为液态。为了使氢保持液态，必须有极好的绝热保护，绝热层增大了液氢储罐的体积和重量，如大型运载火箭使用液氢作为燃料、液氧作为氧化剂时，其储存装置甚至占到整个火箭一半以上的空间。低温液态储氢方式的能耗高，成本可达到压缩储氢的8倍，在我国至今基本没有进入民用领域。

固态储氢，通俗地说就是找到一种固态介质吸附氢气，需要的时候再释放出来。相对于高压气态储氢和低温液态储氢，这种方案具有工作压力低、安全性能好、体积储氢密度高等优势。若与燃料电池一体化集成，还可充分利用燃料电池余热，通过吸热放氢降低系统换热用能，使得整个燃料电池动力系统的能源效率得以提高——可以说，采用固态储氢是提高体积储氢密度的最有效途径。2022年某公司推出的一款售价12800元的氢能自行车，就采用了固态储氢技术。

## 三项关键技术助力固态储氢发展

固态储氢可以分为物理吸附储氢和化学储氢。在各种化学储氢方法中，以金属氢化物储氢技术的应用最广泛，该技术将氢以金属氢化物的形式储存于储氢材料中。已经研发的储氢材料可以大致分为镁基、镧镍基、钛铁基等，固态储氢技术具有储氢密度高、压力低、安全性好、放氢纯度高等优势。

团队成员介绍低压固态储氢技术

如今，固态储氢产业化进程正处于加快阶段，国外的固态储氢技术已经在舰艇中有商业化的应用，在分布式发电和风电制氢规模储氢中也得到了示范应用。在这种背景下，有研工程技术研究院有限公司蒋利军团队开发的"高效安全储供氢及氢同位素处理新材料关键技术及应用"项目成果，在固态储氢技术研发和应用方面取得了重要创新，获得了北京市科学技术奖技术发明二等奖。

为了加快固态储氢在我国的应用，研发团队重点突破了三项关键技术：一是高储氢容量材料开发及其工程化制备技术；二是基于储氢热/动力学特性的传热传质模拟仿真技术；三是固态储氢系统安全评价和测试技术。团队最新研制的储氢材料，氢气储存容量可达每立方米150千克。

值得一提的是，为了保证使用的安全，研发团队对储氢材料进行了多种特殊处理——经特殊成型后形成的储氢元件，在空气中不自燃、遇水不分解放氢、点火不燃烧。这种储氢元件已通过了应急管理部化学品等级中心的鉴定，鉴定结果称其"不属于危险货物"，为今后的应用提供了很大的便利。

为了保证极端情况下储氢元件的安全性，研发团队通过适当的材料设计，保证了储罐最高温升压力仍可控制在13.5MPa以下，此时只有3%的氢气作为高压氢存在，而其余97%的氢气仍然安全地储存于储氢材料当中。

为了避免发生因储氢材料吸氢膨胀，导致储氢罐体胀裂的问题，研发团队则采取了特殊成型技术，将吸/放氢过程中的储氢合金晶格膨胀应力部分吸收，使得固态储氢罐即使在70%高装填率下，也可以将吸氢最大应变值控制在1000$\mu\varepsilon$以下，确保罐体不发生塑性变形。

掌握了安全的储氢元件，研发团队进一步面向不同应用场景，开发了一系列的储氢装置，包括便携式应用、固定式应用、加氢站站用及车载应用等。另外，在大规模的氢储能方面，研发团队已经与相关单位合作进行了探索，例如已通过论证的张家口 200 兆瓦·时 /800 兆瓦·时氢储能调峰电站。这座电站是目前全球最大的氢储能发电项目，每天制储氢 58 吨，发电 80 万度。

以 5 千瓦的燃料电池每天供能 20 小时、连续供能 1 周的场景为例：如果按照燃料电池系统 1 万元 / 千瓦、制氢系统 2 万元 / 千瓦、固态储氢装置 0.8 万元 / 千克氢气来进行计算，单位储能成本就是 1.02 元 /（瓦·时）。与我国 2020 年公开招标的锂电池 1.2~1.68 元 /（瓦·时）相比，氢储能分布式发电在长周期的储能应用场景下具有成本竞争力，尤其适用于工业园区风光氢储分布式发电系统或独立微网当中。

目前，研发团队开发的新型储氢装置已经分别应用于燃料电池客车、物流车、助力车和游艇等，最大的优点就是便于加氢，安全性提高。2019 年，研发团队成功参与开发出全球首辆低压合金储氢燃料电池公交车；2020 年 4 月，4.5 吨低压合金储氢式氢燃料电池冷链物流展示车成功下线；最近，研发团队还开发出适用于 1.5 吨叉车的固态储氢装置样机，首批次 15 台套的固态储氢燃料电池叉车即将示范运行。

在双碳目标驱动下，氢能应用范围不仅限于燃料电池汽车，还包括了氢能发电、工业应用及建筑应用等。氢能不仅可以作为建筑热电联供电源、微网的可靠电源与移动基站的备用电源，还能够与数字化技术结合，让以固态储氢为基础的氢燃料电池动力系统在无人驾驶、军用单兵、深海装备等诸多领域发挥重要作用。

### 绿氢 + 固态储氢——实现完美供氢链

制氢是氢能供应链的第一环，其成本占到整个氢能供应链的 30%。氢能的配送和加氢成本占比则分别约为 20% 和 50%。如今加氢成本高的原因有两个，一是高压装备成本高，二是运营维护成本高。

为了应对这个问题，研发团队正在努力推进"44 工程"，尝试研发低电耗制氢电极材料，降低绿电电解水制取"绿氢"的电耗，争取做到每 4 度电制取 1 立方米氢

低压合金储氢燃料电池冷链物流车

气，如此制取的 4MPa 绿氢直接通入 4MPa 的纯氢输氢管道后，送到低压加氢站中，4MPa 直接加氢，充入燃料电池汽车车载储氢系统中，实现 4wt%（质量百分比）的车载储氢密度。

低压加氢技术省去了高压加氢站中的高压压缩机和高压储罐，简化了流程、降低了配置，可让建站成本从 1000 万元降到 300 万元以下。同时，低压设备的运营、维护成本也大大降低，氢气的成本可从 60 元/千克降到 40 元/千克。

值得一提的是，为了加快"绿氢"的发展，如今世界各国已经分别提出了各自的绿氢成本目标，比如美国希望在 10 年内将绿氢生产成本降到 1 美元/千克，澳大利亚希望将绿氢生产成本控制在 2 美元/千克，而我国则希望在 2030 年将绿氢生产成本控制在 13 元/千克。

团队负责人表示，采用固态储氢与"绿氢"结合，具有以下优势：首先，储氢时不需要另配压缩机，可以直接低压储氢，从而节省了装备的投资、降低了能耗；其次，安全性好，即使枪击也不会引发爆炸，仅会有一个小火苗缓慢燃烧；最后，储氢密度高、占地面积小，一个储罐可以顶三个同体积的高压储罐。

获奖情况

高效安全储供氢及氢同位素处理新材料关键技术及应用

技术发明奖二等奖

# 新基建，新未来
## ——从北京冬奥看智能建造

撰文 / 王雪莹

基于数字孪生的智能建造理论体系与方法，"智能建造理论方法、关键技术研发及在冬奥等工程中的创新应用"项目团队研发出竞速型人工赛道复杂曲面成型智能建造关键技术，创新了冬奥场馆装配化改造及智能化控制关键技术，开发了复杂条件下冬奥等大型工程智能化建造与管理平台。

在距离地球40余万公里的远方，一场浩大的工程始终在如火如荼地进行着，与月球荒凉的表面形成了鲜明对比。

在那里，尽管没有充足的氧气，太阳风暴时而光顾，但三座巨型行星发动机的建造工作从未受到过干扰——数以万计的机器人不分昼夜地工作着，从拧紧螺丝到焊接钢筋铁骨，有条不紊、高效严谨，它们建造的不仅仅是宏伟巨大的工程，更是全人类的希望……出现在《流浪地球2》电影中的这番场景，如果有人告诉你，它不只是科幻迷的美好想象，而是不远的未来将出现在我们的日常生活中、发生在建筑工地上的真实画面，你将作何感想呢？

智能新基建，一切皆可能。事实上，在2022年北京冬奥会的场馆建设和改造中，智能建造的"种子"已经生根、发芽，一场建筑业的革命已然来临。

## 智能建造与数字孪生，新基建新未来

谈到建筑行业，人们常常会想到汗流浃背的工人、尘土飞扬的工地。在过去，充足的劳动

智能建造理论概念导图

力市场让传统建筑行业得以顺利运转，但时至今日，在全球生育率锐减和人口老龄化程度加深的夹击下，建筑业也不得不直面眼前的棘手难题。

2022年，一项由国家统计局内蒙古呼和浩特调查队公布的调查数据显示，目前，高龄农民工已成为我国传统建筑业从业者的主力：50岁以上人群中从事建筑、装修的占比为42.7%，而30岁以下群体这一占比仅为15.0%。一面是日益严重的从业者老龄化问题，一面是日渐流失的年轻劳动力，传统建筑行业可持续发展的压力空前巨大。正是在这样的大背景下，以数字化、智能化、信息化为特点的"智能建造"概念应运而生。

所谓智能建造，是指在建造过程中充分利用智能技术和相关技术，借助物联网、大数据、BIM（建筑信息模型）等先进的信息技术，通过应用智能化系统，提高建造过程的智能化水平。它涵盖了建筑工程从设计到生产再到施工的全阶段，实现了全产业链数据集成，能够为工程的全生命周期管理提供支持，既能大幅减少传统建筑业对人的依赖，显著提升建造安全性，也能提高建筑的性价比和可靠性，是建筑行业未来发展的大势所趋。

然而，智能建造绝非用机器代替人类那么简单——机器人解放了人类的双手，但又是谁在指挥它们工作、告诉它们我们想要一栋怎样的建筑呢？恰如人类行动靠大脑指挥一样，在利用现代信息技术的智能建造理论体系中，数字孪生技术就是它的大脑。

数据关联模型与时空演化

数字孪生，顾名思义即数字化"双胞胎"，是在某个系统或者设备上被创造出来的数字版"克隆体"。作为一种充分利用模型、数据、智能并集成多学科的技术，数字孪生模型可与人工智能、物联网等发生多级互联，能够实现高逼真度行为仿真。对于智能系统来说，分析、推理和决策的前提是数据，而后者则基于感知和建模。在智能建造理论体系中，没有数字孪生技术对现实条件的准确模型化描述，那么"智能建造"也将是无源之水、无根之木。

研究团队的部分成员

随着 BIM 技术在建筑领域的应用与发展，将数字孪生技术融入智能建造理论体系既是一种升级，也成为行业发展的一种必然。

众所周知，一栋建筑从无到有，需要建筑师、结构师、机电暖通工程师和排水工程师等多方的共同努力。在这样一个需要团队协作的大工程中，如何避免不同团队的方案"打架"，防止在施工纠正设计缺陷等"马后炮"现象？很大程度上，BIM 技术在建筑行业的应用与普及解决了这些问题。它通过建立虚拟的工程三维模型，利用数字技术仿真模拟建筑物所具有的真实信息，为模型提供完整的、与实际一致的工程信息库。借助它，人们可以对施工进程中的各项问题进行充分的预测，排除"潜在隐患"，使整体工程达到最优解。

相比之下，数字孪生技术要比 BIM 技术"视野更开阔"，所考虑的维度也更多——BIM 技术关注的只是三维空间，而数字孪生技术则是将空间与时间也纳入了其中。举例来说，如果《流浪地球 2》中图恒宇能够在图丫丫生前为其打造一尊雕像，那么 BIM 就是这尊雕像，而 MOSS 系统中的数字生命版就是她的孪生模型。换而言之，在传感器、人工智能等现代化信息技术的加持下，孪生模型具备了"成长"的能力，能够形成更多实时反馈的大数据，可以为人工智能的精准分析和决策提供更多的科学依据。

纵观全球，工程建造正面临着数字化转型和智能化升级，智能建造亦成为现代建筑领域最前沿的发展方向之一。对于正在加速从劳动密集型向技术密集型转型的中国建筑行业而言，研发基于数字孪生技术的智能建造理论体系和方法也是大势所趋。2020 年，国家 13 部委联合印发《关于推动智能建造与建筑工业化协同发展的

建立数字孪生模型

指导意见》，指出建筑业信息化程度较低，迫切需要利用现代信息新技术升级传统建造方式。2022年，住房和城乡建设部印发《"十四五"住房和城乡建设科技发展规划》，提出要加快智能建造与新型建筑工业化协同发展，指出我国迫切需要利用现代信息新技术，实现建造数字化和智能化。

在这一背景下，作为展现中国国家形象、促进国家发展、振奋民族精神的重要国际赛事，2022年北京冬奥会将"科技冬奥"列为重要目标，对场馆建设及升级改造也有了更高的标准。为此，以北京北控京奥建设有限公司、北京工业大学、中建一局集团建设发展有限公司、上海宝冶集团有限公司和北京市建筑工程研究院有限责任公司等为代表的研发团队，开拓创新、锐意进取，首次提出融合数字孪生、人工智能和物联网等现代信息技术的智能建造理论体系和方法，建立了智能建造五维模型，提出了基于数字孪生的智能建造方法，构建了考虑时空演化的装配式建筑施工过程数字孪生建模理论，提出了智能建造管理理念、技术路径和实现方法，解决了建造中信息混乱、技术庞杂、不易集成应用的难题，更为包括北京冬奥会、北京环球影城等诸多大型工程的高精度、高质量建造奠定了智能建造理论基础。

在北京冬奥会的场馆建设中，研究人员在智能建造理论体系和方法的指导下，同时建立了冬奥场馆信息多元异构数据库，研发了基于北斗精准定位的雪上场馆状态感知、信息融合的云监测技术和竣工交付系统，开发了复杂山地条件下冬奥场馆智能建造平台，实现了工程信息化和智能化管理，并在国家高山滑雪中心、国家雪车雪橇中心以及速滑馆的建造施工中进行了示范应用，不仅支撑了场馆建设的精细化、智慧化，实现了智慧建造中国标准和国际范例，更为今后同类项目建造和智能化管理提供了重要借鉴。

**高效又绿色的"水－冰转换"技术**

除了"科技冬奥"，"绿色冬奥"也是 2022 年北京冬奥会的重要理念之一。为此，国家游泳中心提出了将游泳场馆改造为冰壶赛场的设想。然而由于我国冰雪运动发展相对迟缓，不仅冬季项目场地设施建设及规划尚不完善，数量少、规模小、服务水平不高，而且相关场馆的核心建造技术也较为匮乏。如何高效、安全、绿色地实现水立方的"水－冰"转换，成为研究人员亟待解决的技术难题。

此前，加拿大蒙特利尔奥林匹克游泳馆和美国芝加哥公园区游泳馆都有将游泳场馆改造为冰上运动赛场的成功经验，但两者采取的都是永久性改造，与北京冬奥提出的"可反复转换改造"存在较大区别。在缺乏可借鉴的国内外项目经验条件下，由北京北控京奥建设有限公司和北京工业大学研究人员组成的研究团队开拓性地将智能建造和装配式技术相结合，建立了一套完整的技术体系，使水立方成为能够在游泳、冰上赛场以及其他业态下快速转换的多功能场馆。

事实上，对于研究人员而言，想要实现"一馆两用"绝非"滴水成冰"那么简单——作为游泳馆时，场馆需要有泳池环境，并保持高温、高湿的环境；作为冰场时，场馆需要将泳池临时填平，并保持赛场的低温、低湿环境。这两大需求给场馆改造提出了一系列技术难题：首先是下部支撑结构快速装拆问题。水立方是游泳场馆，泳池中需设有足够刚度的支撑结构，在泳池填平后才能为制冰提供条件。其次是机电系统快速改造问题。与支撑结构类似，游泳馆对高温、高湿环境的要求与冰场低温、低湿条件恰好相反，这对场馆机电系统的快速高效改造提出了较高要求。最后是机电系统绿色环保需求。水立方特殊的半透明表面，为场馆同时保证稳定的温湿

北控智慧建造云平台系统

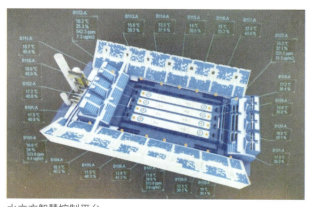

水立方智慧控制平台

条件和节能带来了不小挑战。

针对以上问题，研究人员创新地提出了冰上比赛可转换装配式高精度支撑结构体系，通过分析计算，用预制混凝土+钢结构的方式解决了这一难题，创新了可移动制冰系统与环境转换智能调控技术，研发了可快速安装的模块化制冰系统，实现了冰场随同转换，大幅提升了改造效率，填补了游泳场馆快速搭建制冰系统的技术空白。

与此同时，研究人员还开发了可多系统参数联调的智慧调控平台，研发了冰壶比赛的"空气毯"和"空气墙"技术，实现了温湿度分区域、多区域智能控制，解决了国家游泳中心由高温高湿向低温低湿转变与调控的难题，填补了国内外游泳场馆"水—冰"环境转换的空白，同时在最大限度上降低了场馆电耗，满足了北京冬奥对绿色、低碳、可持续的要求。

在冬奥会这个舞台，中国建筑业向世界展现了智能建造的无限可能。新基建，新未来，属于智能建造的新时代正等待人们挖掘更多的可能。

本项目由北京北控京奥建设有限公司、北京工业大学、上海宝冶集团有限公司、中建一局集团建设发展有限公司、北京市建筑工程研究院有限责任公司及北京恒华伟业科技股份有限公司共同完成，团队主要成员：刘占省、梁德栋、李浩、赫然、王泽强、陈晓龙、于忠宝、宋天帅、杨璐。

智能建造理论方法、关键技术研发及在冬奥等工程中的创新应用

科学技术进步奖二等奖

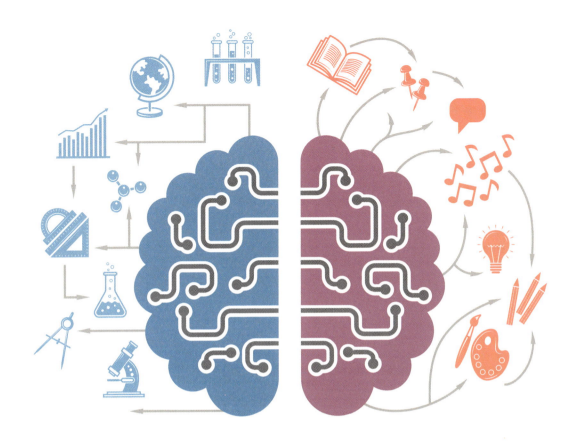

# 2021年

北京市科学技术奖获奖项目

**FLASH INNOVATION**
创新在闪光（2021年卷）

## 推动高精尖产业发展

# 打造"千里眼"的
# 非结构光场智能成像技术

撰文 / 段然

对于很多摄影圈资深人士来说，Lytro 这个名字既如雷贯耳，又显得分外陌生。这曾是一家生产新型光场成像设备的初创企业，从 2006 年成立伊始，Lytro 凭借其惊艳的产品和多项专利，一时间成为资本市场炙手可热的宠儿。但如今，除了部分摄影爱好者手中的珍藏品，我们已经难觅 Lytro 的踪迹了。

由清华大学、凌云光技术股份有限公司等多家单位共同完成的科研项目"非结构光场智能成像关键技术与装备"荣获 2021 年度北京市科学技术奖技术发明一等奖。该项科研成果将光场成像技术的发展推向了一个全新的高度。那么光场成像是否会在新技术的加持下焕发新生呢？

## 光场：既要"看得清"，又要"看得全"

说起"光场成像"，就要从那个生僻的物理概念——"光场"说起。在物理学领域里，"场"是一个被广泛应用的概念，我们耳熟能详的有"电场""磁场""引力场"等。对于这一抽象的物理学术语，我们可以简单地理解为物理量在时间和空间中的分布状态。从物理学的视角看去，光可不只是诗人在黑暗中寻找的圣物，而是可以用严谨的数学模型表达的物理概念。

早在 200 多年前，电磁学之父法拉第就在他的一篇演讲中提出，光应该像磁场一样，被理解为一个"场"，这算是光场理论的起源。此后，麦克斯韦提出了将电、磁、光统归为电磁场现场的麦克斯韦方程组，为光场理论的发展打下了重要基础。1936 年，物理学家亚历山大·格尔顺（Alexander Gershun）在他的论文中正式提出了"光

项目研究团队

场"这一概念,并首次对光场进行建模。不过一直到 20 世纪末,人类才在光场理论上取得了实质性突破,1991 年麻省理工学院教授爱德华·阿德尔森(E.H.Adelson)等学者,提出了全光函数,为光场理论建立了一套清晰的数学模型。阿德尔森用一个 7 维函数,将光线在空间中的分布简洁明了地表达出来。在阿德尔森的理论中,全光函数将物体所发出或反射的光解析成 7 个维度的信息:光的空间位置(用空间坐标系 $x$, $y$, $z$ 表达),光线入射角度(用球坐标系的角度值 $\Theta$, $\Phi$ 表达),波长(用 $\lambda$ 表达)和时间(用 $t$ 表达)。全光函数的提出,将人类看得见却摸不着的光,完整地拆解开来呈现在人类面前。既然光线本身包含了这些维度的信息,那么如果我们在空间内遍布数量众多的观察光线的位置,那么由此记录下这个空间内光线的动态分布状态,就可以被理解为"光场"。

全光函数的提出推动了"光场理论"的发展与完善,也为科学家指明了研究方向——光场成像技术。我们知道,传统的数码相机是由光学镜头、影像传感器和影像处理器三大核心部件组成的,自然界三维场景发出、反射或散射的光线,被单镜头捕捉并聚焦,经由影像传感器转换为数字信号,最后交给影像处理器变成二维图像。

清华大学方璐教授介绍道："毕竟光是一个高维的信号，普通成像设备无法将光场内这些高维信号全部、高速并实时地转换成一个电子信号。"传统成像设备只能记录光场中的光亮信息，对光的方向等信息束手无策，导致深度信息的丢失，且能获取的总信息量受到影像处理器像素数量的限制。因此，"'看得清'和'看得全'这对矛盾一直困扰着人们。举个大家日常拍照上的例子，广角镜头可以把照片拍得很宽很大，分辨率却不甚精确。而长焦镜头可以拍得很远很清晰，却只能覆盖一片很小的区域。"方璐说。

**光场成像的前世今生**

近年来，光场采集感知重建理论及技术的进步为我们指出了另外一条思路：如果我们将全光函数中所有的参数都捕捉到，成像效果不就能做到既看得全也看得清吗？答案是肯定的。不过，全光函数包含了光线多达7个维度的信息，显然还是过于复杂了，而且并不是所有维度的信息在拍摄时都用得着。于是安德尔森的后继者们将该函数做了简化，波长 $\lambda$ 被简化为记录红、绿、蓝三原色，时间 $t$ 被简化为记录不同帧，这样函数就被简化为只包含位置（$x$, $y$, $z$）与光线入射角度（$\Theta$, $\Phi$）5个维度信息。此后又被进一步降到了4维：即通过记录一条光线穿过两个平行平面的坐标（分别用 $u$, $v$ 和 $x$, $y$ 两个坐标系表示），就能得到光线的位置与方向信息。如果将这个双平面模型套用在普通成像系统的结构上，那么其中 $u$-$v$ 平面就是主镜头

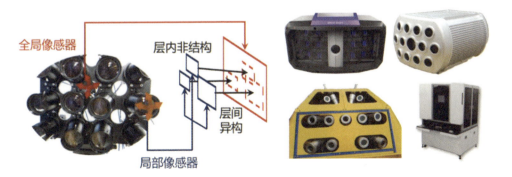

非结构光场感知原理　　　　　　　　　　　非结构光场智能成像系列装备

中心所在平面，x-y 平面是影像传感器所在平面，这样通过采集光线穿过两个平面时所产生的 4 个维度信息，理论上就能兼顾到"看得全、看得清"的效果。问题在于，要借助什么样高科技的神器才完成这样的采集工作呢？"要兼顾既看得全又看得清，就意味着依靠单个镜头和单个影像传感器的系统根本无能为力。这时人们就想到：能否把多个相机放在一起形成阵列，通过'量变引起质变'的思路来实现？"方璐介绍道。初代光场成像技术的解决方案是在影像传感器前，用数量众多的单镜头组成阵列，形成类似于昆虫复眼的结构，对 u-v 和 x-y 平面的信息进行采集，然后通过数字调焦的形式进行图像还原。这样就形成了"先拍照，后对焦"的特点，省去了传统成像设备同时对焦和拍照导致拍摄不清晰的麻烦。

2006 年，美国斯坦福大学的马克·勒沃伊（Marc Levoy）团队根据这一思路研制出了阵列式光场成像系统，这个身形巨大的装置通过不同位置的相机同时曝光进行光场信息采集，从而迈出了光场成像技术落地的第一步。2012 年，美国杜克大学的戴维·布雷迪（David Brady）团队在顶级学术期刊《自然》上发表了世界上首款亿像素级阵列式光场成像系统，像素分辨率达到当年数码相机的 30 多倍，能捕捉到几倍于人眼感知能力的细节。但体积和重量的限制导致这些阵列成像设备只能止步于实验室。此外，在这种技术里，"每个相机采用同样的尺度，并且位置和姿态固定，只有一种拍摄模式，依赖事先标定的参数进行重建，系统的鲁棒性和扩展性都受限。"方璐介绍道，"如果有相机在成像过程中受到扰动，整个阵列系统的工作都会受到影响，需要进行重新标定。"

**欲穷千里目，智能技术来相助**

方璐带领团队另辟蹊径，提出了非结构光场阵列感知技术。不同于之前，非结构光场阵列感知技术的特征是"层内非结构"和"层间异构"：层内非结构突破了结构固化的制约，使得阵列系统具有场景自适应成像的能力；层间异构克服了尺度单一的瓶颈，使得阵列系统的感知尺度和维度可扩展。非结构光场阵列感知技术不再依赖复杂的硬件设计和烦琐的系统标定，而是借助人工智能，通过阵列结构自适应感知、跨尺度映射融合等技术，直接利用多尺度图像内容进行计算重建，同样的硬件资源条件下，大幅提升了系统的成像效率与鲁棒性。这一系列环环相扣的技术创新，大大降低了光场阵列系统的复杂程度，节约了硬件带来的高昂成本，让计算摄像和人工智能技术有了更多施展空间，突破了传统光学成像的瓶颈。

当然，这种全新的技术，是让几十个不一样的成像设备整合在一起工作，这背后算法部分的技术难度是可想而知的。"毕竟软件和算法的成本与迭代周期是远小于硬件系统的，我们把硬件制作的难度降低，让更多的工作留给算法去做，让智能成像成为可能，这种'非结构光场感知'新范式使得光场成像真正实现了'鲁棒性'。"方璐介绍道。

在人工智能技术的加持下，除了鲁棒性，非结构光场智能感知技术同时实现了另一大优势，即可扩展性：这种非结构光场阵列系统可以灵活地调整阵列的数量和组合方式，以适应不同的应用场景需求。对此，方璐指出："要知道，鲁棒性和可扩展性这两大优势，对于技术的应用意义重大。在这两项优势加持下，这一新技术才有可能应用到未来多个不同领域中。"从工业检测到公共安全，再到智慧城市，光场成像在B端的应用前景十分广阔。方璐认为，目前的非结构光场成像技术，并不是给摄影爱好者去品鉴的，而是供智能无人系统进行识别分析之用的。那么在这种应用场景下，追求高分辨率就并不是唯一的目标。她进一步指出："对此，我们也在研究'感算一体'的成像技术，将计算移到前端，在成像的同时就计算出目标物体的特征和位置，这就省去了传统光场成像对图片压缩和解压，以及后续的目标特征提取与识别等烦琐步骤，这节约的资源与功耗是巨大的。"

非结构光场智能成像技术所面临的另外一个问题就是数据。因为现阶段人工智能算法开发迭代对于数据集的依赖是非常大的。方璐对此说道："但目前国际上常用的视觉数据集大多是少场景、少对象、关系简单，可能就只有一只猫、一条狗、一辆车这样的信息。这就难以呈现复杂真实的场景，难以支撑面向大场景多对象复杂对象的新一代人工智能理论和算法的研究。"在这样的数据集里进行训练的人工智能算法，一旦放在类似"万人跑马拉松"这样的壮观场景中，可能就力不从心了。因此，方璐带领团队构建了PANDA数据平台（全称GigaPixel-level Human-centric Video Dataset），具有大场景（平方千米级别范围）、高分辨（十亿像素级，支持百米对象识别）、多对象复杂关系（万级对象，尺度变化超百倍，遮挡关系复杂，交互行为丰富）的特点，填补了大场景下高密度群体对象数据平台的空白，为探索人工智能新理论和新方法提供了不可或缺的数据基础。

立足于人工智能技术，非结构光场智能成像技术为未来的光场成像技术指明了一条全新的赛道。谈到该技术的应用前景，方璐充满信心："首先，我们会将技术从现在的宏观场景向微观场景普及，在未来会进一步向天文远观场景扩展，这背后的研发思路是一脉相承的。其次，人工智能算法还有待于进一步突破和推进：未来的成像目标是将性能做到极致，实现光速感知计算，这对于人工智能算法的要求是越来越高的。"

非结构光场智能成像关键技术与装备

技术发明奖一等奖

# 新技术让电子屏画面"如临其境"

撰文 / 罗中云

当今时代，人们无论是生产还是生活，常会用到手机、平板电脑、笔记本（电脑）、台式电脑等，此外大多数家庭也会用到电视等电器，有些会议室、车站、机场、体育场馆以及户外街头广场等场所还会安装各种电子大屏幕。

上述这些产品有一个共同的特征，就是都需要用到电子显示屏。而显示屏的相关技术水平，直接决定着显示画面的品质，影响着用户的体验。

**为电子竞技等行业兴起提供科技支撑**

随着电子竞技、动漫、高水平体育赛事的直播、转播等行业的爆发式增长，对于电子显示屏画面的稳定性、连续性、画质清晰度、对比度等性能都提出了更高的要求。而市场的需求，也带动了显示屏技术革新的热潮。作为行业中的龙头企业，京东方科技集团股份有限公司（以下简称"京东方"）很早就开始布局相关技术的研发，凭借多年来积累的雄厚技术实力，经过科研团队数年的科技攻关，"基于超维场技术的高刷新率显示技术研发与产业化"项目获得了北京市科技进步一等奖。

项目核心的技术成果主要有高刷新率、快速响应、高画质等，实现了国产显示屏技术的大幅飞跃，将高端显示的视觉效果提升到了全新的境界。目前，以相关技术为支撑的 LCD 显示屏产品已实现量产，为电子竞技、体育赛事及其他各类节目直播等所需的高质量画面，提供了有力的保障。

京东方研发的高刷新率显示产品

**解决电子显示屏关键技术难题**

刷新率是电子显示屏的一个非常重要的指标。因为显示的图像是由一帧一帧连续翻页刷新的画面构成的，而刷新率以赫兹为单位。如果刷新率是 60 赫兹，就意味着一秒钟翻动了 60 帧画面；如果是 120 赫兹，即一秒钟翻动了 120 帧。刷新率越高，动态画面的流畅度就越好。

日常办公所用电子显示屏多为静态画面，对于显示屏刷新率要求并不高，但对于已经形成的重要新兴产业，比如电子竞技等来说，保证动态画面的流畅度是至关重要的。之前，市场上普通显示器刷新率在 60~75 赫兹，仅能满足一般性需要，如果用于电子竞技，画面容易出现卡顿、撕裂，以及拖影的现象，用户体验感较差。但就算电子竞技专用的显示屏，其画面刷新率也只有 120 赫兹左右，提升幅度有限。

京东方通过项目攻关，所取得的一项重要成果就是将 LCD 显示屏的刷新率大幅提升到了 480 赫兹，使得画面的流畅度、清晰度等有了质的飞跃，在呈现体育赛事、电竞游戏等高速移动画面时，高刷新率的全视角超高清至臻画面极大缓解了常规刷新率显示画面卡顿、撕裂、拖影带来的眩晕感，突破了业界"天花板"，为用户带来更加真实、流畅及震撼的使用体验。

在科技攻关的过程中，科研团队充分利用了京东方在超维场方面的技术积累。

这个超维场是京东方所用的 ADS 技术的译称，它属于一种水平电场模式，具有更好的视角特性，即便是人从侧面看电子屏，也不会有明显的色差。另外，这种模式的透光率更高，在手机、平板电脑、笔记本电脑、显示器等小型屏幕方面更有优势。

京东方研发的高刷新率显示产品

要提高 LCD 显示屏的刷新率，至关重要的一点就是要解决充电的问题。如果电子屏的像素充电率达不到要求，就会严重影响画质，导致画面不清晰。以往，大多数液晶显示器背板用的材料是非晶硅，这种材料的一大不足就是电子迁移率较低，从而限制了器件像素的充电率，容易出现暗影重叠、画面不清晰等情况。

为了解决这个问题，科研团队通过研究，研发了一种叫作铟镓锌（IGZO）的氧化物材料，用来取代传统的非晶硅。这种新材料的电子迁移率是非晶硅的 10 倍以上，能有效支持电子屏高刷新率情况下对于充电的需要。基于 IGZO 背板技术，LCD 显示屏可以实现更低的功耗、更高的 PPI。所谓 PPI，是英文 Pixels Per Inch 的缩写，中文称作像素密度单位，所表示的是每英寸所拥有的像素数量。因此 PPI 数值越高，代表显示屏能够以越高的密度显示图像。PPI 值越高，画面的细节也会越丰富，拟真度就越高。

IGZO 还有一个优势是漏电量小。LCD 显示屏用到的晶体管在低频下漏电时间增加，导致漏电量增加，屏幕亮度会有下降。如果用 IGZO，漏电量会更小一些，即使在低频刷新的情况下，也能保证屏幕不闪烁。

不过，尽管 IGZO 的优良性能做支撑，但要保障不同尺寸屏幕器件的像素充电率，还需要解一些技术难题。比如电视、户外广场或会议室、大厅等要用到的大尺寸屏幕，对于像素充电率要求更高，因为同样的时间内，需要充电的面积更大。为了攻克这个技术瓶颈，科研团队研发出了具有自主知识产权的一种 EPQ 技术。这种 EPQ 技术，又称作画质增强技术或图像增强技术，它能保障屏幕上每个像素点位的精准充电，从而避免显示串行、画面不清晰等影响画质的现象。

**为用户提供更优质的画面体验**

通过这个科技计划项目的攻关，京东方科研团队也获得了超高刷新率之外的一些技术突破。在高画质方面，他们引入了 Mini LED 背光技术，实现了像素级的调光，解决了 LCD 显示屏暗态不够黑的痛点，从而大幅提高了画面的动态对比度。此外，他们还在 LCD 显示屏内把低盒厚技术、快速响应液晶技术以及过驱技术进行整合，大幅提高显示屏的响应时间，实现了 1 毫秒极速响应速度，确保屏幕在 500 赫兹以上显示状态下画面的流畅、无拖影。

在这些技术成果的基础上，科研团队还计划继续在电子屏刷新率、显示屏对比度等方面开展研究。特别是刷新率，科研团队已在实验室阶段实现了 1000 赫兹的目标，下阶段除了继续做研究，还将努力推进其市场化落地。而对比度方面的研究则需要更多的时间。所谓对比度，是电子显示屏暗态和量态的一个比例。对比度越高，显示的图像层次感就会越多，画面的质量也会越好。但这方面的研究难度较大。因为超高刷新率要求响应速度快，在这个基础上再要求提升对比度，就会对液晶的透过率提出很大的挑战。研发团队负责人表示，"这是必须要走的路，我们一定会坚持做下去，推出更好的技术和产品，为用户提供更优质的画面体验"。

基于超维场技术的高刷新率显示技术研发与产业化

科学技术进步奖一等奖

# 智能信息技术
# 让大尺寸 3D 打印成为可能

撰文 / 贾朔荣

2023 年北京科技周期间，3D 打印的儿童鞋、颈椎枕、剃须刀，正在打印中的四合院门墩模型等多款 3D 打印产品吸引了观众驻足。造型各异、颜色丰富，随着 3D 打印技术的日臻成熟，越来越多的 3D 打印产品走入公众视野，走进"寻常百姓家"。

历经十余年发展，3D 打印正逐步从小众技术走向大众应用，对于这项曾"红极一时"的制造业颠覆性技术，你了解多少？如何克服 DLP 面曝光 3D 打印面临的"打不大""打不好""不灵活"等问题？走进北京工业大学的这间实验室，相信你会找到答案。

## 为什么需要 3D 打印？

3D 打印又称为增材制造，是一种将数字模型转化为物理对象的制造技术。简而言之，用户只需要在专业软件中构建需要打印物体的三维模型，就可以通过数字打印设备将物体真实地打印出来，真正实现"所想即所得"。区别于传统从材料中切割或去除材料的制造方式，3D 打印的整个过程通过逐层添加塑料、金属、树脂等材料的方式实现。

根据不同材料，3D 打印可以分为不同类别。常见的 3D 打印包括使用喷墨打印头喷射液态材料或粉末材料，通过快速凝固来构建物体的喷墨式打印，使用紫外线（UV）光源照射光敏材料，逐层固化并黏合的光固化式打印，以及熔融沉积式打印、粉末烧结式打印、粉末床层叠式打印等。

与传统制造工艺相比，3D 打印可实现从模型到产品的直接制造，减少中间环

多光源组合的 DLP 大尺寸面曝光 3D 打印装置

节，提高生产效率。由于每个模型单独制造，所以 3D 打印具备极高的个性化特点，可以根据用户或者行业需求，实现定制化生产，且可进行复杂模型制造，能够满足更加复杂严苛的工艺需求。这些特点也决定了 3D 打印面临较难实现大批量生产、成品力学强度有限等问题。

除工艺外，3D 打印所用的原材料种类繁多、且性能各异，如热塑料、金属、树脂。不同材料的操作难度因材料特性和 3D 打印技术而异。一般而言，较易操作的材料包括常见的热塑性聚合物，如聚乙烯、聚丙烯等，它们容易熔化和流动，打印时温度控制较为简单；而一些高性能塑料和金属材料则更具挑战性，这些材料的打印温度较高，需要更精确的温度控制。此外，由于材料的热膨胀系数等特性不同，打印时需要更完备的工艺控制，从而避免打印的产品出现变形、收缩等问题。

如果以"科幻"的思维看待 3D 打印，并将其与目前发展迅猛的人工智能（AI）技术相结合，那么 3D 打印可被视作 AI 在现实世界凭空制造物体的"双手"，为未来社会带来了更多智慧化可能性。

### 为面曝光 3D 打印技术装上"智慧大脑"

在众多 3D 打印技术中，有这样一种采用光固化原理实现的 DLP 面曝光 3D 打印技术，其以 DLP（Digital Light Processing，数字光处理）投影仪作为光源，将模型切片转换为曝光图像（需要成型的区域亮度较高，不需要成型的区域亮度为0），通过投影仪投射到曝光平面，打印过程中，每一层模型切片对应的图像亮区的液态光敏树脂遇到紫外光发生聚合反应，由液态变为固态树脂层，而打印设备内的升降台通过不断移动一个切片层厚度，固化下一层，重复操作直至最终固化成型。

毋立芳与学生讨论打印过程中遇到的问题

DLP面曝光3D打印技术采用全层曝光方式，利用光固化液态树脂的快速固化特性，与其他需要逐行逐点进行打印的3D打印技术相比，在速度、分辨率及复杂结构制造方面具有明显优势，在模具制造、珠宝等领域应用广泛。

然而，该技术天然面临的问题，使其推广应用受到限制。其中包括："打不大"，由于DLP光源限制，导致其最大可打印尺寸不超过15厘米×15厘米，无法打印大尺寸模型；"打不好"，DLP光源光照均匀度不好，即同样的曝光图像灰度下，曝光平面不同区域的辐射功率不同，严重时会导致打印模型不同未知的曝光强度不同，影响打印产品质量；"不灵活"，打印控制参数固定，不能根据打印模型的尺寸大小等进行最优配置。

既然存在显著优势，且具有行业应用与发展潜力，如何克服DLP面曝光3D打印技术面临的"打不大""打不好""不灵活"的问题，让其实现"最优解"呢？由北京工业大学毋立芳教授团队研发的"多光源可调节的面曝光3D打印关键技术及应用"给出了答案。

2013年，北京工业大学教授毋立芳带领研发团队进入3D打印领域，依托图像处理的专业优势，毋立芳很快锁定了DLP面曝光3D打印技术。在开展了一定的市场调研及技术分析后，团队计划研发制作基于DLP单光源的3D打印设备，但研发过程却是屡屡受阻。

由于市场上的产品，设备、软件、材料都是完整配套的，所以用户购买以后只能按要求使用，无法进行升级改造。面对这一问题，毋立芳团队必须自己研发设备。团队按照DLP面曝光3D打印的技术原理搭建了设备，但打印效果却未能达到预期，存在的问题主要包括：一是单光源可打印产品的最大切片尺寸是15厘米×15厘米；二是当曝光平面超过10厘米×10厘米时，成功率很低。

针对问题一，已经有研究者采用移动光源（或移动打印平台）的方式，通过动态拼接扩大曝光平面来打印大尺寸物体。毋立芳团队分析认为：由于不可避免的机械误差，这类技术不能保证每个光源的打印控制图像和实际曝光区域的精准对齐，并且打印每层切片时需要多次曝光，打印时间相对较长。

"针对问题二，我们咨询了光学领域的专家后，发现问题的本质在于投影仪的投影光源亮度不均匀。通常情况下，投影仪中间靠下的位置是最亮的，越往外亮度越低。而以前的3D打印，投影图像都是二值图像，每个曝光位置的图像亮度相同，因此其曝光平面的曝光强度反而是不一样的。"毋立芳介绍道。

简单而言，如果图像所对应的值都是255（可简单将255理解为纯白，0为纯黑，这种图像叫作二值图像），那么在曝光平面上中心位置的光照强度可能是边缘区域的两倍，同样曝光时间内，可能边缘区域正好能够固化，而中心区域已经过曝光了，累积下来可能导致打印失败，或者虽然打印成功了，但打印的产品容易出现变形翘曲。

"我们经过深入的思考，将智能信息处理方法融入打印控制系统，首先测量光源不同位置在不同图像灰度时的曝光强度，获得每个投影光源的投影映射函数，将打印控制图像由二值图像升级为灰度图像，基于投影映射函数估计图像每个像素点对应的灰度值，通过软件方式保证曝光平面的光照强度均匀（光照均匀的高质量打印），从根本上解决了（打不好）问题。"毋立芳补充道。

解决了"打不好"的问题，为了让项目更具竞争力，团队开始研究如何实现更大尺寸产品的高质量打印。由于单个光源覆盖区域有限，团队创新提出多光源拼接的技术方案（多源拼接的大尺寸打印），并基于光谱融合的多光源图像自主生成方法

智能信息技术 让大尺寸3D打印成为可能

毋立芳受邀带 3D 打印产品参加 2018 年北京科技周主会场展览时接受媒体采访

和基于感知优化的图像自动增强算法，实现了光源拼接模式的智能提取，进一步基于光源拼接模式和每个光源的投影映射函数，设计了多光源的光照均匀化方法，在扩大曝光平面的同时保证了光照均匀度，突破了光源受限情况下的大尺寸打印难题，拓展了应用场景。

利用四光源拼接的方式，团队打印出幅面最大的成品约为 22 厘米 ×22 厘米，高度最高的成品约为 495 毫米。

而针对 3D 打印机 "不灵活" 的问题，团队发明了模型自适应打印控制成套方法，通过分析模型切片和最大曝光区域，自动获取模型适配的最优光源数量、图像灰度和曝光时间，单层成型时间最高节省 50%，提高了成型效率，节约了打印成本。

**应用广泛，为我国航空、医疗等领域发展赋能**

综合 "多源拼接的大尺寸打印" "光照均匀的高质量打印" "模型适配的可调节

打印"等发明点,团队搭建了多光源组合的 DLP 大尺寸面曝光 3D 打印装置,在保持成型精度和成型速度的情况下,成型尺寸高于市场同类产品 30%,从根本上解决了 DLP 面曝光 3D 打印尺寸受限问题。

2018 年,基于项目技术成果,团队为中国科学院化学研究所研制了大尺寸面曝光 3D 打印设备,用于大尺寸快速成型项目研发和 3D 打印材料研发,提高研发效率。此外,项目成果已应用于康硕电气集团有限公司、北京十维科技有限公司等多家企事业单位,助力航空发动机陶瓷部件制造等,涉及航空航天、医疗健康、文化创意等领域,取得了良好的经济和社会效益。

值得一提的是,陶瓷 3D 打印技术由于具有抗高温性、耐腐蚀性、轻量化和复杂结构制造能力,在航空发动机制造尤其是航空发动机关键部件的生产方面具有很强的潜在应用价值。北京十维科技有限公司通过应用项目提出的光照均匀化方法,提高光源的亮度分布均匀性,在航空发动机零部件 3D 打印这一关键领域,实现了高通量、高产能的批量制造能力,为我国航空发动机关键技术发展贡献了重要力量。

多光源可调节的面曝光 3D 打印关键技术及应用

技术发明奖二等奖

# 高分辨率轻型敏捷相机技术
# 让遥感卫星"明察秋毫"

撰文 / 廖迈伦

农业、林业、矿产、地质、水利、交通、气象、应急救灾、城市建设、工程勘察……遥感技术已被广泛应用于国民经济的各个领域，对于推动经济建设、环境改善和国防安全起到了至关重要的作用。

曾几何时，国内高分辨率高精度的遥感数据主要还是依赖国外进口，一旦外国进行出口限制，势必产生一系列"卡脖子"问题。为了防患于未然，提升高分辨率遥感卫星影像的自主供给能力可谓刻不容缓。

## 砥志研思，实现多个关键性技术突破

近年来，随着遥感应用的不断发展，如何从遥感数据中快速地获取有效信息，已成为遥感用户面临的核心问题。为满足时代需求，光学遥感器要同时具有高几何分辨率、高辐射分辨率以及高定位精度的"三高"能力。但长期以来，光学遥感领域一直存在"鱼与熊掌不可兼得"之难题，高分辨率与宽覆盖二者难以兼顾。同时，业界还面临局部热点区域常态监视能力不足等问题。

为解决光学遥感领域的诸多难题，使敏捷卫星快速机动成像满足"三高"要求，项目团队潜心研究，通过发展新技术、选用新材料、开创新体制等方式，不断优化设备性能，研发具有高像质、高稳定性、小惯量的高分辨率轻型敏捷相机，让遥感卫星"看得快""看得准""看得清"。

——助力遥感卫星"看得快"

为实现"看得快"，项目团队在提升卫星敏捷能力和遥感相机"起床速度"上下

高分辨率轻型敏捷相机

足了功夫。一方面,开创了二次折叠大压缩比光学系统设计和嵌入式结构安装,保证了卫星敏捷机动能力。坚持轻量化理念,重量能效比达到国际先进水平,通过合理"减重",保持卫星相对轻盈,从而保障其敏捷度。

另一方面,提出"深度休眠快速唤醒"技术,将相机开机时间由 40 秒缩短至亚秒级,使其快速进入工作状态,相比传统相机具有明显优势。

为了满足敏捷成像要求,项目团队创新性地提出了快速自恢复深度启停技术,相机不成像时将进入深度待机模式,减少对整星的功耗需求;在需要成像时,相机又可快速恢复成像状态,启动响应时间在 1 秒以内,解决了敏捷成像模式下的整星能量平衡及散热难题,使功耗下降 60%,散热面积减少 50%。

## ——保障遥感卫星"看得准"

在"看得快"的基础上,保障图像的定位精度同样重要,尤其是在森林火情监测等应急领域的应用中,精准定位往往能起到举足轻重的作用。

高精度定位,需要依靠卫星高稳定的内方位和外方位来保证实现。在内方位元素方面,遥感相机作为一把尺子,要精确丈量地球,需要相机具有很高的内方位稳定性;在外方位元素方面,星敏感器通过看星星确定卫星的姿态,通过相机与星敏夹角的高稳定性来保证最终相机视向的准确性。

因此,为让遥感卫星"看得准",必须同时

保障相机与星敏感器的高精度和稳定性。相机方面，采用了多种陶瓷基新材料，实现光机在轨稳定，降低温度变化引起的变形。相机在太空中以传统加热方式为热传导，该方案导致结构存在温度梯度，容易导致局部应力变形，影响相机的精度和图像质量。为保证相机在轨温度的均匀性，项目团队采用了首创的辐射加热的方式，使控温精度达到 0.2℃以内。

通过上述一系列保障稳定的措施，遥感卫星可实现内方位元素稳定性优于 0.3 像元，达到国际先进水平。

为保障相机和星敏之间夹角的相对稳定，项目团队提出了相机星敏双光轴力热一体化设计方案，使在轨相机和星敏光轴夹角变化小于 1 角秒。

内、外方位元素的高稳定设计，提升了遥感卫星拍摄图像时的无控制点定位精度。当卫星在 500 公里轨道高速飞行时，能够实现优于 10 米的定位精度，从而在实际应用中满足多领域需求，特别是在应急救灾等需要争分夺秒确定现场位置的场景中，更能发挥关键作用。

——保证遥感卫星"看得清"

为更好地实现遥远的感知，遥感卫星需要拥有良好的"视力"，不仅能"看得见"，更要"看得清"。

项目团队采用了零重力装调技术、弧形拼接技术、星地一体化技术提升图像质量。

卫星在太空中处于失重状态，但光学遥感器

遥感卫星（概念图）

进行地面安装时，受重力影响会发生变形、产生应力，从而导致在轨工作和地面装调受力不一致。但相机作为精密光学仪器，镜面发生几纳米的变形就会导致图像模糊，成像能力下降。为了保证相机的在轨图像质量，进行地面装调时就需要模拟太空失重环境，实现"零重力"镜头装调；相机焦平面采用弧形拼接，提升在轨图像清晰度和多谱段配准精度；同时通过多种星地一体化手段提升图像质量。

除以上创新外，项目团队还运用图像复原技术、低噪声电路以及焦平面环路热管恒低温降噪技术，使系统信噪比优于 50 分贝，极大程度地保证了图像质量。

### 开创先河，支撑我国首个敏捷卫星在轨应用

高分辨率轻型敏捷相机开创了我国光学遥感器小相对孔径系统设计的新体制，突破遥感相机高分辨率、轻小型、高稳定、小惯量设计，同时通过星地一体化方法保证最终图像质量，最终实现整星快速、大范围姿态机动，使其像一位全能的"太空体操运动员"一样，快速有效地获取感兴趣的目标信息。

相比传统成像，高分辨率轻型敏捷相机在热点目标、条带成像、有效视场等方面均有明显优势，它支撑卫星单轨实现 26 个目标点成像、5 条带拼接、多角度立体成像，是名副其实的"太空体操运动员"。

随着项目团队不断勇闯难关，在数个关键性技术纷纷取得突破，高分辨率轻型敏捷相机技术成功开启了"应用之路"，陆续应用于 10 型 37 星 42 台相机，开创了 0.5 米商业遥感新时代，支撑起我国四型高分敏捷星座的建立。其图像像质优异、分辨率达 0.5 米，定位精度则优于 10 米，有效信息获取能力提升了 3~5 倍。

此外，项目还成功应用于北京市二十一世纪空间技术应用有限公司的"北京三号"、北京微纳星空科技有限公司的"泰景三号"、国家自然基金委支持的"智能遥感"、北京航天世景公司运营的"四维 01/02 星"。

优势技术的广泛应用，让高分高精度的遥感数据获取不再是难题，成功打破了国外 0.5 米级轻型敏捷相机技术垄断，掌握了 0.5 米级"三高"遥感数据源，改变了高分率遥感数据长期依赖进口的局面，实现了 90% 以上进口数据国产替代，取得了巨大的社会效益和经济效益。

### 灵活适配，满足多样化领域应用需求

不同于那些应用于领域内的专业性技术，高分辨率轻型敏捷相机技术可惠及诸多领域。以采用该技术的"高景一号"遥感星座为例，它可为资源调查、城市建设规划、灾害监测等诸多领域提供高分动态数据，在建设"智慧北京""三城一区""全国科技创新中心"等方面作出应有的贡献。

除了遥感卫星的固有领域，高分辨率轻型敏捷相机技术在实景三维、智慧水利、城市安全、自动驾驶等新兴市场也有着广阔的应用前景。其多视角成像的能力，能够更好地满足城市规划领域对实景三维的需求；其敏捷高效、高精、立体图像的特点，则可以更好地满足自动驾驶车辆对高精度地图的需求……

在部分领域，高分辨率轻型敏捷相机技术的助力，还可大幅节省时间及人力成本，更高效地实现既定目标。例如，在应急救灾领域，高分高精度的卫星定位能够通过卫星图像第一时间精确定位火灾的着火点，比传统的人工报点更快捷、更准确；在林业管护、森林防火等领域，卫星图像可充分降低人员压力，改变多人昼夜林间穿梭值守的传统模式，大幅增强林业管理能力与执法水平，同时也让森林资源调查更为高效便捷。

值得一提的是，在实际应用中，由于不同的领域会产生多样化的需求，相关技术也需要围绕不同的侧重点进行调整，以便获得更高的适配度。

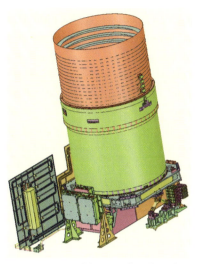

"高景一号"相机示意图

比如，在农业领域，农作物遭受虫灾时会在光谱上有所表现，因此在应用中，可采用高光谱遥感技术持续性地监测农作物，以便更准确地进行病虫害防治。

### 展望未来，期待遥感技术日臻完美

尽管已满足"三高"要求并在多领域实现了广泛应用，但获取更高分辨率、更高精度图像的更强目标，依然驱动着项目团队继续向前。虽然项目团队目前还面临材料突破的难题，但团队成员依旧满怀希望。

未来，相机成像模式也存在技术突破的可能性，例如若薄膜成像技术工程应用的突破，高分辨率光学成像卫星还会有更多的可能性。

时间见证了探索的每一步，突破与创新是人类永恒的话题。当固有模式被打破，"蝶变"就将到来。相信随着相关技术的不断突破，遥感技术定会日臻完美。

| 获奖情况 | 高分辨率轻型敏捷相机技术及应用 |
| --- | --- |
| | 科学技术进步奖二等奖 |

# 专研数字科技
# 赋能大国重器

撰文 / 杨柳

最近,中国航空航天领域喜讯不断:C919商飞成功,神舟十六号载人飞船成功发射……但在全民欢欣鼓舞的气氛中,也夹杂着质疑的声音,部分人偏执地认为,C919不过是中国购买国外零部件组装起来的产物。

事实上,这些人没能正确理解飞机设计中"集成"这一步的重要性。人们熟知的波音飞机,研制过程中甚至需要多达8000种工业软件,涉及大量的集成、仿真和测试。同样,国产大飞机的研发也涉及多个子系统,需要采用多种仿真软件来应对不同子系统的建模和测试需求。如何将不同软件不同架构的建模工具搭建的子系统模型集成,形成整机模型进行虚拟测试是一个重大技术难点。购买零部件谁都能做到,但能最终集成大飞机的寥寥无几。

在复杂装备集成创新的挑战中,世冠科技自有知识产权的仿真平台GCAir适逢其会。在国产大飞机C919的虚拟测试环节,GCAir提供了飞机级虚拟集成与仿真试验环境建设的整体解决方案,实现了多个子系统模型与飞机模型的集成与仿真分析。经过了多个大国重器项目的考验,GCAir系统仿真测试验证一体化平台获得了北京市科学技术进步奖二等奖。

世冠科技的董事长李京燕表示,GCAir命名中的GC不仅是"世冠"(Global Crown)的缩写,也是"国产"的拼音缩写。"利用技术研发赋能中国工业发展,是所有中国企业的初衷与使命。"

## "集"各界之砖,筑中国长城

一架飞机能不能达到最优性能,系统集成创新能力可以说至关重要。在这个行

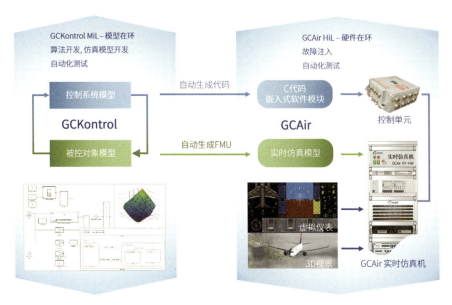

展品信息图

业里，零部件就像一块块分散的砖，烧出好砖固然重要，但能否把这些砖筑成坚固的长城也才是最终目标。

C919 设计之初，中国商飞集团在全世界范围寻找合适的集成软件，后来无意中发现世冠科技的 GCAir2.0 后，与企业一拍即合——这就是我们国产大飞机需要的集成软件！

那么，GCAir 平台究竟如何助力 C919 设计？简单概括来说，打造大飞机的过程中，总设计师会有一个整体规划设计，然后往下分配任务。等到结构、飞控、机电、航电、液压等各个子系统分别做好了，再把这些系统放在一起集成。然而，难道只有等到现实中各个子系统都全部完成，才能知道飞机性能究竟怎么样吗？这种方式不仅耗时费力，而且试错成本很高。

GCAir 平台，可以通过数字技术把飞机的各个子系统虚拟集成为一架飞机，然后在计算机中开展虚拟测试验证。所以，该平台是"仿真 - 测试一体化"的验证工具。通过虚拟验证，就能够知道前期的设计是否合理，是否有需要改进的地方。

实现这个目标听起来容易，做起来难。集成不是目标，集成以后对它进行仿真测试，通过快速迭代来优化设计才是目的。一架飞机，就是一台相当复杂的工业装备，在系统设计层面，需要把上百种不同语言、不同架构的软件产生的模型攒在一起，成为一架虚拟飞机。GCAir 平台的多源异构模型，不仅可以完美解决集成这一任务，同时还能确保集成的精度、效率和鲁棒性，实现从纯虚拟测试验证到半实物测试的支持。

### 数字孪生：虚实相映，以虚控实

类似 C919 大飞机这样的复杂应用场景，也是数字孪生技术应用的典型场景。电脑里有了虚拟的数字样机，建立虚实映射通道，陆续给它"喂"进数据，就形成了大飞机的数字孪生体，接下来就可以提供更多基于数字孪生技术的服务。

数字孪生的概念可以追溯至 2002 年。当年美国工业制造工程协会举办的一次论坛上，密歇根大学的迈克尔·格里弗斯博士提出了"信息镜像模型"概念。这个概念后来就被称作"数字孪生"，也叫数字镜像，或者数字化映射。利用 3D 建模、传感器、物联网等手段，数字孪生技术可以在线上复制出一个与现实几乎一致的"数字体"。这个数字体能够通过采集大量数据，将现实中的一举一动记录并"投射"到系统中。

数字孪生和仿真有什么区别？简单概括地说，仿真就是基于现实的规律，创造出完全虚拟的物体。而数字孪生，则是构建真实世界的真实事物（可以是物体，也可以是某种过程）的数字模型，并建立虚实映射关系后，在数字空间构建并同步于物理世界的数字虚体。二者的共同之处是，都是对真实对象的描述，数字孪生往往以仿真为核心。

当然，数字孪生并不只是一个数字"样机"，它还应该"活起来"——借助数据饲养，数字孪生就会慢慢地"长大"，并提供丰富的信息为人类所用。比如，在汽车制造企业里，研发工程师首先制图、建模，再通过仿真计算实验后，电脑里就有一部"数字汽车"了。在没有数字孪生概念的时代，研发人员把模型图纸交给制造商后，这套模型要么存在档案室，要么存在服务器中，与现实形成一种割裂。有了数字孪生的概念以后，原本将被束之高阁的模型就可以"活"过来。当工程师把现实中跑动的车所记录的各种数据同步到数字车辆后，驾驶员习惯等数据还能让原本"千篇一律"的车辆显现出各自鲜明的特点。

数字孪生技术的诸多应用场景中，得到较广泛实践的一类是模拟训练，包括工程师培训，飞行员培训等。如果完全用真实的飞行器训练飞行员，成本就会太高，通过在电脑上操作真实飞机的数字孪生，飞行员就可以像驾驶真实飞机一样累积驾驶经验。甚至在大飞机尚未开始大批量生产时，通过数字孪生技术就可以培训出一批大飞机的飞行员——不用等到真机培训，飞行员通过大量模拟训练后，就知道大飞机该怎么"玩"了。在培训维修工程师时，数字孪生技术也可以提供高效、经济的训练体验：在电脑中输入需要训练的飞机故障类型，就可以"未雨绸缪"，根据不同情况指导工程师对应的维修方法。

数字孪生的另外一类应用场景，则是对设备本身的预测性维护。航空发动机什么时候应该进行维修？如果是过去，这些判断都依赖维修工程师。他们根据积累的经验，可以估算出飞行多少时长后需要维修。而现在通过构建数字孪生体，让电脑中的数字航空发动机和现实中一一对应，管理者就可以利用系统给发动机做"健康度预测"，估算出发动机什么时候需要维修。

随着数字孪生技术的普及应用，相关技术会因为成本的不断降低，最终进入普通老百姓的生活。未来，我们每个人都将拥有自己的数字孪生体。通过各种新型医疗检测、扫描仪器及可穿戴设备获得的数据，我们可以完美地复制出一个数字化身体，并追踪这个数字化身体每一部分的运动与变化，从而更好地进行自我健康监测和管理。

### 道阻且长，行则必至

2020 年 6 月，哈工大、哈工程等高校师生收到无法使用美国软件公司 Mathworks 出品的软件 MATLAB 的消息。

MATLAB 一直是高校师生在做数学建模和部分数值模拟时最常用的工具之一，也是学生做工业软件设计的底层基础平台。可以说，在数值计算、机械、建模仿真、航天航空等科研和工业制造领域，MATLAB 已经是必不可少的一个软件。它的地位就像上述领域里的"Office 办公软件"，缺少了它，日常办公就做不了，如果用其他的替代软件，很多重要功能就无法实现。

面对外部的挑战，2022 年 9 月，世冠科技正式发布了 GCKontrol 7.0 控制系统设计与仿真软件，它具备了对 MATLAB/Simulink 进行国产替代的能力。

具体来说，一个控制系统的基本流程就是设计、仿真、生成代码这三个阶段。设计可能会出现错误，而仿真能够对设计进行验证。一般的工业软件都止步于设计和仿真，MATLAB 之所以被普遍接受，是因为在它的平台上可以建模、仿真，最后生成嵌入式代码直接"烧到芯片里"。所以，目前世界上 95% 的新能源汽车设计流程中，从系统设计、测试验证到代码生成使用的工具都是 MATLAB——因为这个工具太方便和高效了。

GCKontrol 7.0 目前也已经做到了以上功能，针对某些具体应用场景，已经很好地满足使用要求了。针对 MATLAB 所包含的其他应用场景，GCKontrol 则将在未来继续开发。李京燕认为，这种"垂直"的思路才是国产工业软件的基本逻辑——企业不能像过去那样只强调自己有什么功能，有什么工具，借此吸引客户来购买软件。开发者应该首先知道客户在做什么，需要产品有什么功能，再设计软件来满足这些需求。

"了解 GCKontrol 7.0 以后，我感觉中国替代 MATLAB 有希望了。"这是一位北京航空航天大学教授给出的评价。中国石油大学的一位教授，在第一时间试用了软件后则直言："用这款软件时，我身上直起鸡皮疙瘩。"从北大读书期间就一直用 MATLAB 的这位教授表示，"GCKontrol 7.0 已经真正掌握了 MATLAB 的精髓。"

国外很多工业软件企业，很值得借鉴的一点就是在高校开展推广——使用这些软件的学生毕业后，就会熟练地把软件带到研发的各个领域,形成所谓的"软件渗透"。中国为什么不可以这样？为了扭转被"卡脖子"的境遇，世冠科技与北京航空航天大学、西北工业大学、北京理工大学、同济大学、吉林大学、北京交通大学、南京航空航天大学、武汉理工大学、哈尔滨工程大学等院校开展深入的技术合作和学术交流，积极促进我国科研生产的深入发展。

一方面，这些合作让学生有机会使用国产软件，培养他们的应用能力；另一方面，也可以培养一些学生的软件研发能力。工业软件研发门槛高，很难"半路出家"，从学校就开始培训，让国产软件开发者提早迈出关键的"第一步"。

据了解，北京理工大学被禁用 MATLAB 后，教授们一度没有了上课的工具，急得直跳脚。现在，他们将 GCKontrol 作为主要课程工具已经是第二年了。

2023 年，世冠科技与吉林大学汽车工程学院共建"世冠科技—吉大汽车学院

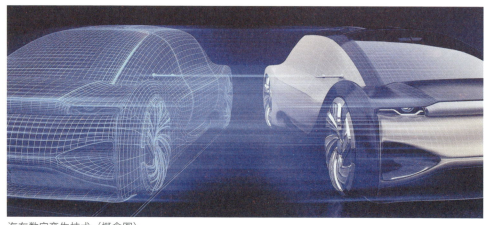

汽车数字孪生技术（概念图）

GCKontrol 系统设计与仿真联合实验室"，联合实验室成立后，通过利用世冠科技自主研发的 GCAir 系统仿真测试验证一体化平台和 GCKontrol 系统设计与仿真软件，可以助力学院在原本汽车控制系统的开发上完成 MBSE 全套正向设计，以及汽车控制器 V 流程全生命周期覆盖，从 MiL、SiL 到 HiL，实现从系统建模到仿真测试验证一体化的工具链闭环支持，共同推动汽车研发软件实现国产化、自主化，为中国汽车产业的高质量发展贡献力量，同时也打开了双方产学研资源共享、共生、共融、共发展的新篇章。

目前，世冠科技已与北京航空航天大学等多家高等院校建立联合实验室。未来，世冠科技期待与更多高校、科研机构建立起深入合作，联合各方力量，打造"产学研融合"新业态，推动国产工业仿真软件行业在科研、应用、人才培养等方面迈上一个新台阶。

一路走来，"中国智造"这几个字始终深深烙在李京燕心里。在很长的时间里，她带领的世冠都在幕后默默奉献，但是对于她来说，能为国家工业制造发展贡献一份力，"已经是最高的荣誉"。

复杂装备数字化仿真测试验证关键技术研究与应用

科学技术进步奖二等奖

# 打造专业领域的"智能化引擎"

撰文 / 罗中云

现代社会，数字化信息无处不在。人们面临的海量信息来自各种不同领域，呈现着不同形式。人们如何有效处理和利用这些信息，提高工作或生活的效率，解决现实中面临的各种难题呢？为此，科研人员研发了很多不同门类、不同领域的信息处理技术，但大多只能处理特定类型的数据，无法跨越不同行业领域及不同数据形式的鸿沟。

即便是当前风头正盛的生成式 AI，也主要在以文字形式为主的文本编辑中大显身手，而且由于种种因素，其对于专业领域的数据处理往往漏洞百出，容易对用户产生误导。实际上，"互联网+"时代，产生了大量多模态、跨领域的数据信息，而且很多的数据产生或集成机构会出于安全、保密等各方面因素考虑，不愿意将一些特定数据信息公开，这也加大了通用型信息处理的难度。

为此，有人设想：能否研发出一套信息处理技术，既能综合处理包括文字、表格、图片、音频、视频等各种形式的数据信息，又能根据每个具体行业的特点，对专业、垂直领域的信息进行高效处理，从而让客户既能获得专业的数据分析服务，又能满足自有数据的安全、保密需要。

2018 年，主要致力于数字政府、智慧城市及关键行业数字化转型服务的太极计算机股份有限公司（以下简称"太极计算机公司"）基于承担的国家重点研发计划等多个司法专项课题研究，孵化了"多模态跨领域信息智能处理关键技术研究及产业化应用"项目，力图通过科技攻关，跨越数据形态及行业领域的鸿沟，为用户提供既便捷高效又专业精准的信息处理服务。

## 实现多种形式数据信息的综合处理

太极计算机公司开发的这套技术系统最大特点就是可利用人工智能和机器学习

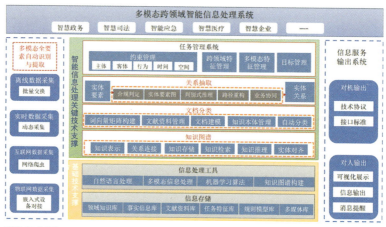

系统架构图

算法，同时处理如文字、图像、声音、图表等多种形式的数据信息，且不受行业领域限制可以进行快速复制。它能够自动提取数据中的关键信息，并进行分析和处理，从而提供全面且准确的信息处理结果。

项目正式立项后，太极计算机公司迅速组织了一支跨学科的团队，包括计算机专家、数据科学专家、业务领域专家，共同进行技术研究和开发。研究过程中，项目组进行了大量的实验和数据分析，不断优化算法和模型。同时还与一些合作伙伴开展合作，共享数据和资源，加快了研发进程。

经过多次迭代和测试，最终成功地开发出了这套"多模态跨领域信息智能处理系统"，并获得了北京市科技进步二等奖。这项技术的重要意义在于为各个行业和领域提供了一种全新的信息处理方法，特别是比较注重数据信息保密与安全的司法、政务以及企业法务等领域，都可以利用这项技术来处理和分析各种类型的数据，从而更好地理解和应用信息，解决具体的问题。

比如在司法系统中，法官和律师需要处理大量的案件和相关信息，包括诉讼文件、证据材料、法律文本、语音记录或视频材料等。传统上，这些信息会以纸质或电子文档的形式存在，需要人工一页一页或一张一张进行阅读或观看，如果是音频或视频，还得花大量时间去听、去看。这样的方式非常费时费力，面对海量的信息数据，还很容易出现关键信息的遗漏或误解。

而利用这种新开发的信息处理技术，法院可以将不同形式的数据信息进行自动化处理和分析，如系统可以自动识别和提取案件中的关键信息，包括当事人的身份、法律条款的引用和证据的重要细节。同时，系统还可以通过分析文本、图像图表和语音数据之间的关联性，帮助法官或律师更好地理解案件，进而作出准确的判断。比如，它能从一个案件各种形式的信息中或按时间线列出案件发生的大致脉络，或按当事人的生活习惯、工作特点、社会关系等大致推断出其与案件的关联程度。

这项技术还可以用于自动化的语音识别和语义分析。比如在庭审过程中，法庭记录员通常需要记录诉讼双方的陈述和法官的指示，这对于准确记录案件细节至关重要。应用该技术，语音记录可以自动转换为文本，并进行实时的语义分析，以捕捉重要的论点和法律观点，这将大大减轻记录员的工作负担，同时提高记录的准确性和及时性。

### 产学研协作解决数据收集、文本翻译等技术难点

当然，开发这样一套系统并不容易，好在太极计算机公司在信息处理领域已深耕多年，有深厚的技术积累。项目团队在研发过程中尽管也遇到过诸多问题、难关，但通过坚持不懈的努力，最终都克服了困难，顺利地推进了技术的研发。

尤其是在数据的获取和处理过程中，对于多模态的数据，如文字、图像和声音等，收集、整理和处理数据都是难度很大的挑战，需要大量的数据来训练和验证算法，但不同类型的数据可能有不同的来源，格式也不尽相同。对此，项目团队选择了与合作单位、科研机构和数据提供商进行协作，共享数据和资源，以此获得了更为丰富和多样化数据集，从而保障了数据训练和算法的验证。

这个系统当前最主要的领域是司法方面，但在这些领域，法律文件和判决书通常使用专业的法律术语和复杂的句子结构，这些"法言法语"理解起来有一定难度，在处理这些文书时，往往需要将其转化为更简明易懂的语言，以便法官、律师和当事人更好地理解。为了解决这个问题，项目团队与法学专家进行合作，开发了相应的自然语言处理算法，能够分析和转换法律文本，以便更好地传达法律意义。

司法领域尤其强调数据信息的保密性。为此，项目团队与信息安全专家和法律顾问合作，确保系统的设计和实施符合相关法规，并采取合适的数据保护措施，充分保障了数据的安全性和隐私。

**推动我国各行业"智慧化"快速演进**

这套技术系统既具有基础架构的通用性，也具有上层应用的专业性，可以在很多专业领域实现定制化服务。在一些特定行业领域，通过系统生成的相关文本，如关键信息汇总、分析报告等，与 ChatGPT 等通用平台生成的文本相比，其专业度、精准性等方面都具有非常明显的优势。

2021 年 6 月，"多模态跨领域信息智能处理关键技术研究及产业化应用"项目正式结题，一推出就受到各行业领域的普遍欢迎。特别是在智慧政务领域，它构建了"互联网+监管""互联网+政务"、执法监督、电子证照等多模态信息智能处理业务体系，在国家政务服务平台、教育部、科技部、公安部、司法部、文化和旅游部、应急管理部、海关总署、国家移民管理局、北京市政务服务管理局、北京市民政局等都开展了各类深度应用推广。

在智慧政法方面，相关项目成果在最高法院组织的全国法院卷宗处理系统测试中取得了第一名的好成绩，作为项目承接单位的太极计算机公司也成为最高法院指定的卷宗文书材料智能处理单位。此外，此项技术系统也在西藏、江西等省的高级人民法院以及深圳市中级人民法院、北京市公安局、苏州市公安局、南京市公安局等政法单位得到了良好应用。

这套"多模态跨领域信息智能处理系统"也能与企业管理业务融合，构建起协同办公平台、智能核稿或审稿、合同智能审查、智能问答等系统，有效提高了企业管理的智能化水平，在提升效率的同时降低了运营成本。目前，航天科工、中国电科、中石油、中石化、中移动等 30 余家在京央企都已采用了这套系统。

除此之外，项目成果还在科技、教育、应急、交通、文化旅游、医疗、媒体等国计民生行业得到快速推广应用，并在促进数字经济快速发展，实现数字政府及数字化转型等方面产生了显著的社会效益。

多模态跨领域信息智能处理关键技术研究及产业化应用

科学技术进步奖二等奖

# "数字人"走进大众生活

撰文 / 罗中云

在一些科幻影视作品中，人们常能看到这样的场景：一个非真实的虚拟人站在真正的人面前侃侃而谈。它能听懂人在说什么，并作出准确的回应；它能像真人一样，把喜、怒、哀、乐的情绪，反映在表情、动作或声调上；它讲起话来滔滔不绝，渊博的学识远超人的想象……

当前，随着人机交互技术的发展，类似的场景正慢慢变为现实，走进大众的生活。不过，要达到高质量的人机交互，还有不少国际性难题待解决，比如现有的人机交互形态大多数较为单一，即便是ChatGPT，也只能是用户提出要求后，它再以文本等形式提交回复，难以实现多种形式的具有现实感、生动感的人机交流。

更麻烦的是，大多数人机交互技术水平还比较低，机器对人所表达的意思理解程度很低，机器"不说人话""不理解人话"，人和机器的实时对话非常困难。另外，现有条件下，高逼真的数字人建模成本高、可复制性低，很难大规模推广使用。

尽管面临这些技术难题，但高级形态的人机交互是人工智能技术发展的一个大趋势，其未来的应用前景非常广阔，可能在很多领域替代人的工作，继而引发相关行业的巨大变革。因此，世界各国，尤其是美国等西方一些发达国家都在这方面投入重金进行研发，我国自然也不能落后，否则将面临被"卡脖子"的局面。

## 挑起人工智能技术攻关重担

我国专注于人工智能系统研发的国家"专精特新"小巨人企业——北京中科汇联科技股份有限公司（以下简称"中科汇联"），联合清华大学、北京大学共同承担了北京市科委科技计划项目"认知智能驱动的多模态自然人机交互关键技术及应用"，其核心目的就是要打造具有更高水平的"数字人"系统，让"数字人"能像真人一样进行动态的沟通交流。

工作人员演示与"数字人"交流

这个项目有几大关键技术问题要解决,包括感知孤立、理解困难、可视化差、人机交互缺少多模态融合处理能力、复杂场景中的语义理解困难、意图识别准确率低等。针对这些技术难点,项目团队历经两年多的努力,最终取得了一系列突破,项目于2021年1月结题,并获得了北京市科技进步奖二等奖。

**解决人机交互中的关键性难题**

不少人机交互的人工智能技术只能识别单一形态的内容,要么是文本,要么是图像,要么是声音,而项目团队通过攻关,实现了融合视觉、语音、文本的自然交互。也就是说,通过这种技术攻关创造出来的"数字人"能准确识别包括文本、语音、图像在内的多种形态的信息,同时能综合这些信息形成自己的认知,并作出决策或反馈,就像人一样具备了一定的"自主意识"。

此外还有微表情的识别与反馈。人类有很丰富的表情,它反映着人内在的心理、情绪等变化。项目团队研发的"数字人"能通过深度神经网络和计算的模型来识别人的这些表情,并作出适当的回应,从而实现了"数字人"与真正的人在交流时的共情。据了解,在电气与电子工程师协会(IEEE)22种微表情算法的第三方测评中,中科汇联研发的技术准确率排名第一,超过了FaceBook,达到了国际先进水平。

这项技术已在某些领域得到应用,比如"数字海南"的技术支撑中,就有由中科汇联开发的人工智能机器人督查项目，它能运用人工智能技术服务于相关部门的工作，大大提升了工作效率。

人机交互中，比较大的一个难题是如何让机器更准确地理解人表达的语义，就像当一个人说"吃瓜群众"，很多机器无法理解其真正含义，往往会按字面意思直接理解成"吃瓜的人"，从而形成误导，作出让人哭笑不得的反馈。项目团队为了解决这个问题，构建了一种基于图神经网络的语义感知模型，大幅提高了机器对于人所表达意图的理解精度。相关测评结果显示，模型对于语义的理解精度大大优于微软等国际巨头的历史最好成绩。

项目团队还研发了自动化的知识提取工具，能够快速生成新的知识图谱。简单说，就是它能快速地掌握某领域的相关知识，并进行自动的归纳整理，在与人交流过程中，准确地解答相关领域的问题。这项技术意义重大，它能大规模地替代人工，提高服务效率。其中以此技术开发的疫情机器人，就在疫情期间为200多个政府部门和医疗单位提供了服务，向公众进行政策解答或相关知识的科普，节约了大量的人力、物力。

**多场景多领域实现人工替代**

中科汇联通过科技攻关所形成的相关技术成果——AiHuman数智人平台落地项目应用范围十分广泛。比如在银行或一些党政机关的办事大厅，需要很多人力来做政策或办事流程的讲解，内容大多是重复性的，这时，中科汇联研发的"数字人"就能取代人来做这些工作；而在博物馆、科技馆等场所，靠解说员为前来参观的人进行解说，讲解的内容往往也是重复的，完全可以用"数字人"来替代。

在医院，这种"数字人"还可以代替一些医务人员为公众解答医学问题，介绍就医流程；在需要大量客户服务的通信企业、商业企业等，"数字人"也可以代替人工，解答用户的各种问题；在教育行业，一些线上授课可以用"数字人"代替真正的教师讲课，与学生互动交流。这种"数字教师"的使用，还可能衍生出另一个益处，那就是可以让偏远地区的孩子享受到发达地区优质的教育资源，有利于教育的公平性。

此外，在机场、车站等人流密集区域，常会有旅客不明白买票、安检、进站以及其他各方面的流程,"数字人"可以代替工作人员为他们进行讲解。它们可以在固定的屏幕上呈现,也可以在走动的机器人身上呈现,不仅能为人们解答问题,还能进行一定程度的互动,聊天、唠家常,与人们产生情感连接,给人们的旅途生活增添一些乐趣。

现在,包括网络直播等很多新兴业态涌现,而这也正是"数字人"可以大显身手的场合。包括电视节目主持人、大型文体活动主持人等,也都可用"数字人"来替代,节约人力成本的同时,还可能给节目增添浓浓的科技元素以及一些意想不到的良性社会反响。

在文化传播领域,"数字人"同样有宽广的表现舞台。中科汇联与新华社合作,以京剧大师梅兰芳为原型,结合梅兰芳生前的身形体貌、表情动作、唱腔等,研制出了"数字梅兰芳",它给中国人拜年的视频,点播次数超过了 2000 万次。同时,这个"数字梅兰芳"还走出国门,参加了 2022 年在新加坡举办的中国年活动,受到当地人民的热烈欢迎,代表中国的文化与科技走向了世界。

根据统计,截止到 2023 年 6 月,项目相关技术成果已服务了 3000 余家党政机关,近 20000 家企业,500 多家银行、保险及证券行业企业,人机交互次数超 50 亿人次。

获奖情况

认知智能驱动的多模态自然人机交互关键技术及应用

科学技术进步奖二等奖

# 新型软磁材料
# 练就新能源汽车的"强健心脏"

撰文 / 段然

根据中国乘联会的数据，在 2022 年中国汽车销量前 10 的车型中，有 5 款属于新能源汽车。纯电车、混动车已经快速渗透到我们的日常生活中。在选择购买新能源汽车时，人们最关注的是汽车新三大件"三电系统"（即驱动电机、动力电池和电控系统）。而其中，驱动电机又是最核心的部件，它需要应对行驶中的各种复杂工况。效率、功率密度等参数是评价电机性能好坏的重要指标，而制约这些指标的主要因素是电机中核心材料——电工钢，电工钢是实现电磁转换的核心软磁材料。

由北京首钢股份有限公司等单位完成的"新能源汽车用先进软磁材料研制与开发"获得 2021 年度北京市科学技术进步奖二等奖。该项成果解决了软磁材料开发和制备过程中的诸多技术难题，生产出的新型材料被很多主流车企应用，成功推动了我国软磁材料的技术进步。那么这项成果背后有着怎样精彩的创新故事呢？

**从直流电机到永磁同步电机：汽车行业的此消彼长**

我们需要先从一件两百年前的往事说起。1821 年，在英国皇家研究院任职的物理学家法拉第，根据物理学界新发现的电磁现象，在实验室里制成了一个简易装置：他将一块天然磁铁浸泡在一杯汞池里，然后将一根铜导线接上化学电池后也同样放入汞池后，导线开始围绕磁铁做连续旋转运动。法拉第设计这个实验只是为了进一步解释电磁现象，却无意间开启了一个时代的大门——他的这个简易装置成为后世新能源车驱动电机的鼻祖。在十三年后的 1834 年，英国人托马斯·德文波特就沿着法拉第的思路，制成了第一台实用型电机，并将其安装在一辆三轮电动车上——这

首钢智新电磁公司团队

可比燃油汽车的出现早了足足半个世纪!

从工作原理上来看,法拉第制作的简易装置属于直流电机。在跨越了两百年的时间后,我们依然能在玩具四驱车身上隐约看到法拉第等科学先驱们对物理学的深入思考:如果我们把玩具车底盘上的马达拆解开来,就会发现马达外壳内附有两块小磁铁,以及一个被铜线缠绕的可以转动的物体,这是电机的两个核心部件,前者就是电机的定子,后者是转子。当二者结合在一起时,由定子产生磁场,转子通过铜线导电生磁,定转子磁场相互作用,并在转子电流换向作用下开始旋转,驱动四驱车的车轮转动——显然这样的小马达保留了直流驱动电机最古老的结构。

这些小电机应付四驱车这种玩具尚可,用在汽车这种载人工具上就力不从心了。要获得更强大的动力,除了电机本身的结构要不断革新和优化,还需要性能更加优越的磁性材料提供支撑。

众所周知,铁、钴、镍元素及其合金是重要的磁性材料,因此在工业革命时期诞生出来的多种现代钢铁材料，就成为理想的选材目标。于是软磁材料这一概念开始兴起，那些磁导率高、剩磁弱的材料就被统称为"软磁材料"。

谈起软磁材料，作为首钢集团研发团队的重要参与者，首钢智新电磁公司首席工程师安冬洋如数家珍，他介绍道："简单来说，通电就生磁，断电就退磁，这种电生磁的材料就是软磁材料。有软磁材料，也就有硬磁材料，那些一经磁化就不易退磁的材料就是硬磁材料，也被称为永磁材料。"

软磁材料的发展已经经历了百年的历程，从包括纯铁、硅钢片、坡莫合金在内的传统金属软磁材料，到后来的铁氧体软磁、非晶及纳米晶软磁以及金属磁铁粉等新兴材料，软磁材料借助人类冶金水平不断迭代更新的东风，开始遍及电工、通信、医疗、汽车等多个重要领域，成为撑起工业文明的重要一分子。

当然，优质的选材还需要配合更加合理高效的电机设计结构，才能发挥最大效能。时间来到 20 世纪初，虽然电动车迎来了一段短暂的春天，其发展势头甚至一度盖过了燃油车，但早期直流电机与生俱来的结构复杂、维护困难、功率低下等难题一直困扰着电动车，加上当时的电池充电功率很低，电动车很快就从神坛跌落，在燃油车的阴影下蛰伏了起来。但在这段岁月里，电动车也并非毫无作为。随着科技的进步，在驱动电机领域科学家和工程师们相继推出了交流异步电机、开关磁阻电机和永磁同步电机等新产品。

### 老当益壮的硅钢：市场竞争的波高浪险

当今的新能源汽车，无论是混动还是纯电，除了部分执着于交流异步电机的车型，绝大多数的量产车都在使用永磁同步电机。在谈到永磁同步电机的工作原理时，安冬洋介绍道："这种电机的转子里放置有永磁体，转子又被分成一个个磁极，上面缠上铜线并通电，通过控制电流的大小和方向，以控制每一个磁极的磁力线大小和方向。进而通过转子与定子之间产生的相互吸引力，让转子旋转起来。"永磁同步电机转子的永磁体负责产生恒定磁场，定子则产生旋转磁场，电机的转速是通过恒定磁场与旋转磁场的相互作用来实现的，而转子在工作时，会以与定子产生的旋转磁场相同的转速旋转，因此这种电机也被赋予了"同步"这个名称。相对于其他电机，在"永磁体"和"同步"等特征的加持下，这种电机结构更为简单，制造与维护成本较低，

用新型软磁材料制造的电机冲片

而且由于没有了碳刷和换向器的桎梏，电机整体运行效率更高，因此在新能源汽车浪潮中备受青睐。

永磁同步电机拥有无可比拟的强大性能，但对选材要求也更加严格，尤其是对构成定子转子这类核心部件的关键材料，在制备过程中要求就更为苛刻。无论是电机的转子还是定子，都有一个不可或缺的关键部件——电机铁芯。这个部件主要作用是用于放置导电绕组，同时也起到励磁磁场"放大器"的作用，相当于定子与转子结构里的"定海神针"。毫不夸张地说，铁芯的优劣，直接关系到电机的整体性能，而目前电机的铁芯是用大量的软磁材料加工制造而成的。人类的材料科学发展到今日，以非晶、铁氧体等为代表的新型软磁材料纷纷涌现，但具体到新能源汽车驱动电机这个细分领域，真正成熟可靠的材料还是传统的硅钢。安冬洋介绍道："硅钢也被称为电工钢，相比非晶及纳米晶软磁材料，硅钢的综合性能更优异，同时成本相对较低，可以保证大规模生产。"

硅钢早在19世纪末就已经被研制出来，是有史以来第一种用于交变强磁场的软磁材料，发展到现在，工艺已经相当成熟，是产量最大的金属功能材料。普通硅钢的磁感应强度可以达到2.0T以上（T为特斯拉，是推导磁感应强度的国际单位），而一般电机所需的磁感应强度只有1.5~1.7T。"另外，相比非晶等材料，硅钢韧性较好，适合采用冲压工艺，将硅钢一片一片地叠起来，制成电机的铁芯。"安冬洋强调道。

低铁损和高磁导率，使得硅钢成为制造电机铁芯理想的软磁材料。由于钢铁本身就属于晶体结构，根据本身晶体组织方向的分布情况，硅钢还可以被分为取向硅钢和无取向硅钢，前者的晶体组织具有一定的分布规律和方向，后者则呈现相对的无规则取向分布，二者故而得名。"由于取向硅钢在特定方向优异的特性，因此它主要用于制造固定磁力线分布的变压器等设备。而无取向硅钢则适合用在制造具有旋转磁场磁力线的电气结构上。"安冬洋介绍道，因此，用于制造电机铁芯的软磁材料的真名应该叫"无取向硅钢"。

在新能源汽车的大潮面前，市场又对硅钢的性能提出了更高的要求。

安冬洋指出，目前硅钢制备工艺面临三个方面的挑战：首先，不同于传统的燃油汽车，用电机驱动的纯电汽车一般是没有变速箱的。在汽车加速过程中，由于没有换挡机构存在，汽车驱动电机运行速度范围很宽，这就意味着电机是可以从 0 直接加速到 2 万转 / 分钟，电机高速运行意味着电机频率的升高，大幅增加了定子和转子上的硅钢材料热损耗。如何降低损耗，是硅钢制备工艺面临的一大难题。

其次，在电机的转子高速旋转时，会产生强大的离心力，加上转子内部需要设置凹槽以放置永磁体，这就让转子面临发生形变甚至断裂的风险，对电机的安全性极为不利。这就要求转子上的硅钢材料要有很高的屈服强度来消除这些潜在风险。

最后，目前用户选择新能源车，已经不仅满足于代步的功能，更青睐于主观的驾乘体验，其中就包括"推背感""零百加速性能"，而这就直接取决于电机软磁材料的磁感应强度，即将电转变成磁的能力。磁感应强度数值不同，驱动电机所带来的推背感是截然不同的。因此，提升硅钢的导磁能力也是科研人员面临的重大课题。

## "从 95 分挑战 100 分"：创新之路上的锲而不舍

就如同奥运会所追求的"更快、更高、更强"的宗旨一样，这注定是一场考验科研人员智慧、毅力与耐心的竞赛。

在竞争日趋白热化的新能源汽车市场，为迎合消费者与日俱增的需求，不仅各大车企八仙过海、各显神通，配套主机厂也在绞尽脑汁、推陈出新；而当压力传递到负责材料制备的钢铁企业这些上游厂商，则更是怎一个"卷"字了得！面对这样

研发团队正在用新方法试制新型无取向硅钢样品

的形势,首钢集团的研发团队通过一系列科研实践,在软磁材料研制与开发上大胆创新,探索出一套硅钢材料制备的全新工艺。

无论是提高材料的磁感应强度,还是降低材料的铁损,这两方面问题其实都属于材料的磁性能范畴。安冬洋介绍道:"为提升硅钢的磁性能,团队首先对生产流程中出现的杂质元素进行有效的控制。"这些诸如碳、硫、氧、氮之类的元素,在材料机体内会和其他元素混合形成微小的析出物,并在机体内呈现微米级的分布,这种分布虽然极为细小,却足以制约硅钢在内部磁化过程中磁畴的分布,最终会影响材料整体的铁损和磁感应强度。因此降低这种析出物是首先要攻克的一道难关。

研发团队采用了稀土处理工艺,通过添加一种稀土元素,可以有效减少材料中出现的析出物数量。"其实这种工艺一直是行业内的研究热点,但受很多干扰因素的制约，比如添加的稀土元素的量如何掌握得恰到好处；量添加得合适，但材料性能如何保证稳定等等。"安冬洋解释道，"我们团队开发了一套模型系统，将所有工艺流程中可能出现的干扰点全部考虑进去，来帮助我们精确地进行稀土处理。"这一方法有效地降低了硫化物为代表的析出物数量。

"另外，我们还通过在冶炼过程中限制空气中氮元素与钢水的接触，并在后续热处理过程中采取一些特殊的处理方法，限制氮元素进入钢机体内，这样又有效地降低了氮化铝这种析出物的数量，使得材料的磁性能得到极大的改善。"安冬洋同时介绍道。

其次，由于钢铁本身属于晶体结构，硅钢内部细小的晶粒在空间的分布是不规则的，但如果在生产过程中使用一些加工方法进行处理后，这些散兵游勇一样的晶粒就像被指挥官整治的队伍一般，会在分布状态上呈现一定的规则性，这种位相分布被称为织构。在织构的影响下，材料的特性也会受到改变，当然也包括材料的导磁能力。研发团队创造性地应用一种"{114}织构"，通过一系列工艺控制提升这一织构在材料中的比例，从而有效提升了硅钢的导磁能力。

最后，硅钢需要更高的强度来抵抗电机高转速产生的离心力，如何实现这一点呢？目前通用的方式是固溶强化，即在冶炼过程中添加硅、铝等合金，有效提升材料的电阻率，这样就能降低电机在高速转动时，由于涡流而造成的能量损失，同时有效地提高材料的强度。"但问题在于，合金添加量是有极限的，如果超过了这一极限，材料在轧制的时候就会非常容易断裂，这一极限也对应了材料的强度极限。"安冬洋强调道。这其实就是"过强易折，至坚易断"的道理。对此，研发团队通过构建多元合金固溶强化、位错与固溶复合强化两种模型，对生产工艺流程作了一系列优化，成功将硅钢的屈服强度极限做到了490兆帕甚至900兆帕这一前所未有的水平。放眼全球，其他国家的钢铁企业最多也就做到450兆帕这个水平。

首钢这一系列创新工艺与方法，使得国产硅钢制备与生产水平又上了一个台阶，也让国产新能源汽车有了更广阔的性能提升空间。但安冬洋同时也说道："硅钢毕竟还是钢铁材料，钢材生产的工艺流程并没有发生变革，各国的钢铁企业创新的关键，还是在于一些技术细节之处，比如相同的工艺里，我们将杂质含量降低到极致，就会导致材料的性能天差地别！"这种技术上的细微创新，足以在生产上产生天翻地覆的改变，就好像武林高手们赖以行走江湖的独家秘籍，在世界各国都被以专利形式加以保护。目前安冬洋所在团队研发的这一系列软磁材料研制方法已经在逐步得到推广，所生产的硅钢产品也得到认可并开始被不少主流车企使用，但在目前中国新能源车市场急剧"内卷"的形势面前，未来的创新之路依然任重道远。安冬洋就感慨道："我接触过那么多的客户，国内国外的都有，一个深刻的感受就是国内的车企对于研发进度要求越来越高，钢铁行业本身作为一个传统行业，在技术上要得到提升，必须要越做越精细。"

不过对于未来，作为工程师的安冬洋还是充满信心："材料的强度要更高，铁损要更低，这些行业要求在未来将是一个持续性的话题。我们正在努力开发更薄的硅钢材料，以在强度和铁损之间做到进一步兼顾，我们甚至在研究将取向硅钢材料应用到电机中去。"另外，研发团队也在研究如何让材料在客户的使用过程中发挥最大的效能，他们专门组建了一个电机实验室，模拟从材料制备到电机制作的全产业流程，全方位地理解客户的需求。"我国在软磁材料开发方面绝对是世界顶尖水平，但就好比我已经考了95分，但要向100分发起挑战，创新的难度肯定会越来越大。"安冬洋最后说道。

| 获奖情况 | |
|---|---|
| 新能源汽车用先进软磁材料研制与开发 | |
| | 科学技术进步奖二等奖 |

# 装备制造新工艺
# 为新能源汽车插上翅膀

撰文 / 罗中云

高端装备制造可谓是现代工业的一颗明珠，也是现代产业体系的脊梁，推动工业转型升级的引擎。当前，我国高端装备制造业处在向中高端迈进的关键时期，对经济社会的支撑作用更加突出，但也存在诸多短板，特别是部分领域关键核心技术长期被国外"卡脖子"，严重制约其进一步的升级。

以高性能复合材料高精高效成形技术工艺为例，它是节能与新能源汽车实现高端制造的重要方向，也是汽车工业轻量化、实现"双碳"目标的重要核心技术。所谓高性能复合材料，主要是指碳纤维和玻（璃）纤维两大类，它比一般材料质量更轻，强度更高，耐温性、安全性等也更好。而且，相比金属等材质，它的可塑性更强，可成形性、可制造性也更好，用于汽车等的生产制造优势十分明显。

随着我国新能源汽车行业的快速发展，高性能复合材料制造装备及技术工艺的需求也越来越多。但我国本土的工艺及装备存在生产效率低、制造成本高等问题，难以满足新能源汽车等行业批量化生产制造的需要。另外，国外的碳纤维复合材料先进成形设备及关键技术对我国长期实施封锁、禁运，即便是一些并非最先进的设备、工艺，也被德国、法国、奥地利等国的企业垄断了市场，价格昂贵，还被严格限定了使用范围。

很多外国企业都规定，一种型号的设备只能生产一种产品。生产车门的，不能生产座椅；生产引擎盖的，不能生产车架。外国企业会派人到工厂来设定相关的操作程序，中方用户不能自主修改。如果中方用户想再生产别的器件，需要另外再购买设备，调整相关参数也只能由外国企业派人来操作。此外，诸如设备维修、零部件更换等也都要由国外企业派人或送货过来，特别麻烦。

热塑复合材料高精高效模压成形成套装备

热固复合材料高精高效模压成形成套装备

这种情况下，国内迫切需要进行高性能复合材料模压成形装备的自主研发，以打破相关设备、技术被"卡脖子"的局面，从而实现我国制造业产业链的高端化与自主可控。为此，工信部、北京市科委等相继出手，通过设立专项，组织行业企业开展科技攻关。经过考察审核，最终将这一重任交到了北京机科国创轻量化科学研究院有限公司（以下简称"轻量化院"）手上。

这家公司前身为2006年成立的机械科学研究总院先进制造技术研究中心，2017年改制更名为北京机科国创轻量化科学研究院有限公司，成立有国家轻量化材料成形技术及装备创新中心、先进成形技术与装备国家重点实验室等一批高水平的研发平台，是国内具有较高水平的高端装备制造研发企业。

2018年，轻量化院承接了"高档数控机床与基础制造装备"科技重大专项"汽车复合材料车身模压成形技术与装备"，结合新能源汽车、轨道交通及航空航天等领域轻量化制造的实际需求，经过几年持续不懈的攻关努力，最终成功突破了一系列的技术难关，开发出了具有世界先进水平的高性能复合材料高精高效模压成形关键技术及成套装备，填补了国内空白。

此项目的一大创新点就是开发出了一种"热固性碳纤维增强复合材料湿法浸润可控成形装备"，其生产效率比传统装备有了大幅度提高，以往生产一个部件要超过30分钟，新装备则缩短为不到5分钟，整个生产线能耗也降低了50%以上，产品制造的总体成本仅为传统工艺的1/3。同时开发的"热塑性碳纤维增强复合材料精准补强一体化成形装备"，则实现了100M~300MPa强度次结构件的自动化制造，解决了传统模压成形制品可设计性差、性能低等问题。

通过科技攻关，研发人员还提出了一种高精高效模压成形全流程工艺的控制方法，研制出了热固与热塑碳纤维增强复合材料的柔性成形模具，解决了大尺寸、复

装备制造新工艺 为新能源汽车插上翅膀

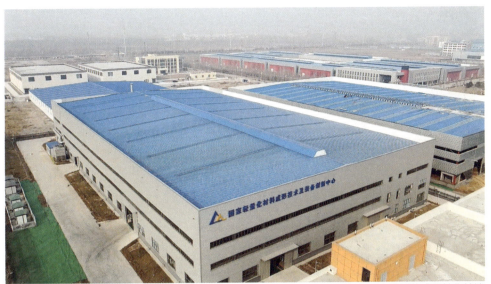

轻量化院在德州的成果转化基地

杂截面复合材料部件的高精、高效、高质成形等难题。

在攻关过程中,研发人员也遇到过不少技术难题。比如碳纤维、玻纤维这样的复合材料,纤维保留长度越长,它的刚性、强度等性能相对就越好。但是普通设备拉的纤维都很短,如何来解决这个问题呢?研发人员费了很多精力,反复做了一系列实验,将近两年多时间,一直在攻克这个难关,最后终于成功地将纤维长度从之前的1毫米左右,拉长到了30~50毫米。

这套设备及工艺被研发出来后,不仅填补了国内空白,实现了国产替代,一些性能还超越了国外同类产品。比如纤维长度,国外设备顶多能做到30毫米,而轻量化院研发的新设备则可达到50毫米,加工材料的强度也比国外设备至少高了10%~15%。另外,从售价上来说,新研发的设备比国外同类设备低了很多,从而逼迫国外厂商不得不降低了价格,为国内用户节约了大量成本。

当前,轻量化院在山东德州建立了应用生产和示范基地,为当地及全国的企业提供生产设备和技术工艺服务。德州有一家企业是生产玻璃钢的,以前因为材料易挥发等原因,环保问题突出,不仅车间味道很大,还损害人的健康。自从引进了轻

147

工信部专项项目启动会

量化院的材料、设备及工艺以后，生产不仅没有了异味，而且自动化程度大为提高，生产效率提升，成本降低，产品的品质也有了大幅度提升。

江苏也有一家企业，以前生产电梯配件，市场非常狭窄，想转型给汽车做配件，于是引进了轻量化院新研发的设备和工艺，结果大获成功，不仅产品受到客户的好评，也渐渐将主业从电梯配件转到了汽车配件上，市场空间扩大了很多。

另外，轻量化院通过项目攻关开发的顶盖总成、地板总成、副车架总成、电池包上壳体等30余种新能源汽车高性能复合材料零部件，具有优异的轻量化性能，已在北汽新能源、奇瑞新能源等自主品牌车企推广应用，有效提升了新能源汽车的续航里程和安全性。而开发的碳纤维热固、热塑成套装备，则实现了国产复合材料先进智能制造装备零的突破，打破了国外垄断，并在国内各省市都获得了较好的落地应用，为我国高端装备制造产业的升级提供了强有力支撑。

轻量化院是以轻量化为基础立身的高端装备、工艺研发企业，致力于汽车及轨道交通、航空航天等领域的轻量化。所谓轻量化，简单来说就是通过碳纤维、玻纤维等高性能复合材料的使用，以及相关部件构形方面的设计，在不降低或提升强度、抗压性、耐高温等性能的前提下，为汽车、高铁、飞机等减重，不仅降低其生产与使用成本，更提升使用者的驾乘体验。

以轻量化为标杆，轻量化院通过实施相关科技攻关项目，在我国高端装备及技术领域取得了一系列的突破。但研发人员并不就此止步，他们又在复合材料的一体化模压成形等方面展开了技术攻关，以减少车辆等的零部件数量，降低生产成本。

以汽车为例，车身各部分对材料的要求并不一样。一些关键部件，如发动机、电池或其他易发生碰撞的部位，就需要用到强度较大的材料，而一些内外饰件，则可以用强度稍弱的。在以往，这些不同部件需要分别进行加工，然后拼装起来。但通过技术上的改进，可将这些不同部件一体化加工成形，需要强度大的地方就用碳纤维材料，不需要那么大强度的地方则用玻纤维材料，而且这种工艺既能做复杂结构，也能做性能结构，从而大大提升了车辆的集成性。

这种一体化模压成形技术也有利于减少汽车生产中的模具开发成本。以前一套模具可能只能做 10 万个部件，而运用一体化模压成形技术开发的模具则有可能做到 100 万个部件。这样，生产每个部件的单体成本就会大幅下降。

实际上，很多造车企业每年都会推出新的车型，每个新品除主体结构不变之外，

团队技术交流

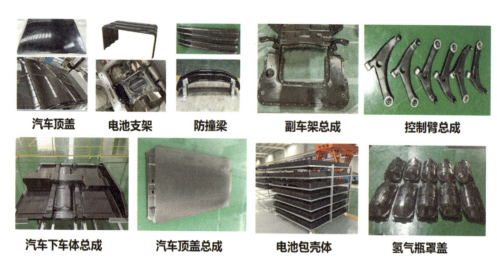

典型复合材料零部件

总会在外观、内饰等方面做些调整,这就需要新开发一些模具,可是大多数汽车新品销量又有限,有的甚至仅销售几千辆就停产了,使得投入和产出不成正比。采用一体化模压成形技术,可以使很多的汽车外饰、内饰等产品通用,进而实现标准化生产,减少了新模具的开发,也降低了汽车的生产成本。

高性能复合材料高精高效模压成形关键技术及成套装备

科学技术进步奖二等奖

# 一分钟读懂眼底图像
# 让健康无处不在

撰文 / 赵玲

不用排队挂号，没有烦琐的流程，只需 1 分钟即可测出眼部疾病和心脑血管的健康状况？成果在《柳叶刀·数字健康》系列刊发，准确率媲美医学专家？一台小小的仪器究竟为什么如此神奇？

走进鹰瞳科技（Airdoc），许多桌面上都摆放着白色仪器，它的体积不大，和女士夏日手拎包的大小差不多，前端是镜头，可以紧贴人眼。跟随语音提示，眼睛盯准屏幕中的绿点，30 秒就可以完成检查。视网膜评估报告 1 分钟出炉，在手机上可以清楚看到视网膜年龄、双眼异常项、心脑血管健康风险、黄斑视力损伤风险等指标。伴随着近视引起豹纹样改变、杯盘比偏大有青光眼风险、年龄增长导致动脉弹性减弱等词的频频提及，采访现场似乎变成了医院或者体检中心。

这就是鹰瞳科技研发的视网膜影像人工智能检测产品，可以通过眼底图像诊断眼部疾病，还能观测心血管病等全身性慢病及其进展，截至 2022 年年底，产品已经在 800 多家等级医院、400 多家基层医疗机构、300 多家体检中心、1200 多家视光中心、94 家保险公司、780 多家药店应用，累计服务用户近 2000 万人次。"眼底图像人工智能识别研发及在致盲眼病和心血管风险评估中的应用"成果荣获 2021 年度北京市科学技术进步奖二等奖。

## "天方夜谭"也能落地开花

视网膜影像人工智能检测产品的诞生来自鹰瞳科技追求"普惠"医疗的初衷。致盲眼病和心脑血管疾病等慢病都是严重的公共卫生问题，而相关医生数量的不足和分布不均，意味着需要有准确且高效的辅助诊断工具。视网膜是全身唯一可以无创、

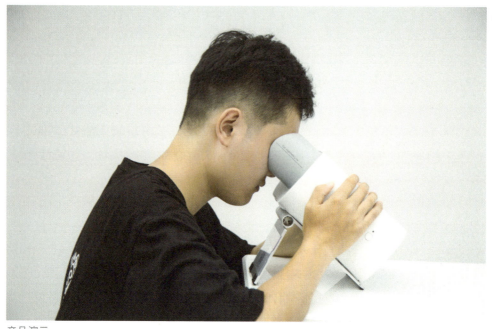

产品演示

直接观察血管和神经的组织,通过眼底图像,不仅能诊断眼部疾病,也能评估心脑血管病、糖尿病、高血压等全身性慢病风险并预测进展。"作为一家肩负社会责任的企业,充分运用最前沿的人工智能技术手段,实现颠覆性的成果,让优质的医疗资源实现全民普惠,打通健康的'最后一公里',让健康无处不在,这是我们的使命。"鹰瞳科技首席医学官表示,正是抱着这样的念头,他们决心在研发视网膜影像人工智能检测产品上下功夫。

2017 年,刚成立两年的鹰瞳科技在肺结节、心电图等多个领域进行尝试之后,将研究方向聚焦在了视网膜影像人工智能识别上面。最初,团队屡屡碰壁——出于对深度学习"黑箱效应"的不理解,很多人认为团队是在做伪科学,宛如"天方夜谭"。但想做人工智能医疗产品,肯定需要医学专家的参与,幸而团队用专业和真诚赢得了一批顶级专家的信任,才使得产品落地开花。如今,眼科排名前 10 的医院中绝大部分都与鹰瞳科技展开了战略或深度合作。

想让人工智能足够智能,数据、算法、算力缺一不可,其中极为重要的就是给它喂足够多的数据。数据光是"大"还不行,还得兼顾多样性,否则这种"大"就会带着"虚胖"。"假设一家公司有100万的眼部疾病数据量,看上去不算小了,但是细究结构后会发现,可能某一单病种,比如糖尿病视网膜病变就占了99%,剩下的1万分布着几十个病种,有些病种可能只有几十,甚至更少。"首席医学官表示,这样的"大数据"显然还不够"大"。医疗数据本就极为珍贵,为此鹰瞳科技通过不懈努力,与广大科研院所开展研究合作,已建立起目前世界上最大的真实世界用户视网膜影像数据库,数据广泛涵盖了年龄、性别、人口特征、疾病、商业管道及医疗器械型号等。

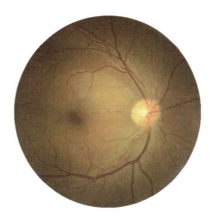

动脉硬化眼底照片

最终,鹰瞳科技利用深度学习技术,通过学习海量的由国内外数百位专家进行双盲交叉标注的眼底照片,构建起 AI 检测模型。在公司与中山眼科联合开展的"AI 视网膜多病种辅助诊断系统"研究中,内部验证模型评估指标 AUC(Area Under the Curve)可达 0.955,外部测试 AUC 在 0.95~0.98,性能表现优异。这项研究成果最终发表在国际顶级期刊《柳叶刀·数字健康》上,是当时全球规模最大的视网膜影像多病种人工智能辅助诊断真实世界研究,有力地证明了产品对疾病的识别能力,准确率媲美医学专家。

另外,有了算法模型后,还要有相匹配的硬件设施。在此之前全球第一个视网膜影像 AI 的产品诞生于美国,但这款产品只能绑定在唯一一款价格高昂的硬件上使用。而鹰瞳的初心是"普

惠"，是要能应用在基层，用团队成员的话来说，"如果限定在这款机型上，我们的初心就碎成渣了"。想要实现初心，必须要有一款更便捷、更便宜、适配性更高的硬件。

既然市面上没有可以匹配的硬件，那就自己造！就这样，继算法模型之后，2018 年起，团队又给自己挖了个硬件制造的"坑"，开始打磨软硬件一体的视网膜影像检测产品，把 AI 算法同样融入硬件产品中来。经过长时间研发，2021 年年初，鹰瞳科技获批全国首款全自助、全自动、便携式眼底相机二类医疗器械注册证。这款智能眼底相机无需操作人员，全程语音引导，30 秒左右便能自动完成视网膜影像采集，且是全球唯一一款充电宝可驱动使用的眼底相机，可以很容易地运用于任何医疗健康场景，同时把成本降低至传统眼底相机的十分之一，实现了突破性创新。2022 年起，鹰瞳科技亦在北京昌平、湖南长沙自建工厂，从 0 到 1 深耕硬件制造，现已成为全球规模最大的视网膜检测设备制造工厂。

**从视网膜看眼部疾病和心血管疾病**

不难注意到，"眼底图像人工智能识别研发及在致盲眼病和心血管风险评估中的应用"这项成果中包含了两个模型：一个是常见致盲眼病的诊断模型，另一个是心血管风险预测模型。可能很多人会有疑问，眼部疾病和心血管疾病有关系吗？

其实，致盲性眼病和心血管疾病等慢性病都会在视网膜上发生改变。

因为视网膜在胚胎发育时和大脑同源，是中枢神经系统在外周的一个前哨站，有着非常丰富的神经、血管系统，是全身唯一可以无创、直接观测神经和血管的组织，其中包含了很多健康相关的信息，比如高血压、动脉硬化等，而这些信息是和心血管疾病发病息息相关的。在医院做过眼底检查的人可能会有这样的经历：明明是来看眼睛，医生看着刚拍的片子，却发现了其他科室的问题："你有高血压吧，这都动脉硬化了。"

为了做好心血管疾病的大数据收集，鹰瞳科技和北京大学临床研究所合作，纳入了 30 多万人的眼底照片，收集了 ICVD（缺血性心脑血管病）十年风险预测模型需要的指标，通过指标计算出受试者的 ICVD 十年风险，同时对受试者的眼底照片进行标注，告诉人工智能这张照片对应的十年风险是多少。基于这样的海量数据，让机器去深度学习，最终构建出从眼底照片到 ICVD 十年风险的关联性，这项研究成果也发表在了知名杂志 *Science Bulletin* 上。

**早筛查，早治疗，让健康无处不在**

手机扫码自助操作，将机器对准眼部 30 秒，就能当场拿到检测结果。无疑，鹰瞳科技的产品已经做到十分便捷和高效。无论在三甲医院、体检中心，还是基层医疗机构，这套产品都可以完美适配。

应用场景如此之多的情况下，也发生了许多曲折的故事。其中一则案例是，一名 27 岁的白领女性在某体检中心使用鹰瞳科技的视网膜影像人工智能检测产品后，检测结果显示存在视乳头水肿风险，而视乳头水肿可能由脑肿瘤引起，需要进一步就医明确。工作人员立刻给她打电话，却被怀疑是骗子。所幸，多次沟通之后，终于把她劝去三甲医院检查，检查确诊为脑肿瘤，并及时做了手术。手术成功后，这名女子又回到这家体检中心再次复查，称要"有始有终"。

另一个案例发生在 2019 年青岛的博鳌亚洲论坛全球健康论坛大会上。当时，鹰瞳科技受邀参会，设了一个可以免费体验的展台。当天展台前面体验的人排起长队，突然，现场工作人员接到后台报告此前检查的人中有一名女性眼底大出血，工作人员立即拨打这位女士的电话，然而由于各种原因并未接通。所幸检测时间才过了半小时，以展区的面积来看，这位女士还没能离开。最终，在主办方的帮助下，靠广播寻找到了这位女士。

上面两个案例的结果都还算幸运，但下面这个案例就令人唏嘘了。某次给客户做体验的时候，检查结果显示其中一家企业的人力资源主管右眼眼底有严重的黄斑萎缩，换而言之，她的右眼是看不见的。当把这个结果告诉体验人的时候，她一点都不相信：确定吗，自己的右眼瞎不瞎难道自己不知道吗？

但是现实真的很残酷——当这个姑娘用手蒙住右眼时，她眼中的世界还是一模一样；但当她蒙住左眼后，她号啕大哭起来，因为这个世界失去了光明。遗憾的是，由于双眼视力可以相互补偿，单眼视力下降往往不容易被发现，因为发现时间太晚，即便在最顶尖的眼科医院求诊，也已经丧失了治疗的可能性。

为了解决未满足的医疗健康需求，鹰瞳科技争取合作机会，为用户提供疾病辅助诊断和健康风险评估等服务。2021 年和北京市东城区达成了战略合作，对中小学生进行定期的视力筛查和眼底健康风险评估，识别可能造成视力受损的风险因素，给出健康指导和转诊建议，同时建立持续更新的电子健康档案，构建眼健康智能管

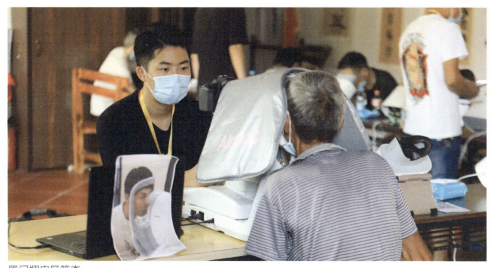

厦门翔安区筛查

理平台。他们的产品还打入了北京普惠健康保,在北京的88个网点投放了110台智能眼底相机,2022年度北京普惠健康保参保人都可以去网点免费检测。鹰瞳科技还与福建厦门翔安区政府合作,对60岁以上老人接种新冠病毒疫苗时赠送慢性病体检筛查。2021年8—11月,该项目已总计筛查20000多人,在筛查中发现如视网膜病变、黄斑裂孔、静脉阻塞、老年性黄斑病变、青光眼疑似等需要立即就医的重大健康风险患者100多人,发现高风险健康风险患者4000多人,为患者及时发现病情、积极干预和尽早就医争取了时间。

产品线铺得越广,就能让越多人享受早筛查、早诊断、早治疗的福音。为了达成"让健康无处不在"的使命,鹰瞳科技将持续加大科技创新投入,推进科技成果转化应用,争取更大力度地赋能我国医疗卫生健康事业的高质量发展。

**获奖情况**

眼底图像人工智能识别研发及在致盲眼病和心血管风险评估中的应用

科学技术进步奖二等奖

# 能源新技术
# 让汽车充电更安全便捷

撰文 / 罗中云

以电动车为主的新能源汽车，是我国能源转型，努力推动碳达峰与碳中和的重要抓手，也是全球汽车产业未来的一个主要方向。来自中国汽车工业协会数据显示，2023年上半年，中国新能源汽车产销量分别达378.8万辆和374.7万辆，同比增长42.4%和44.1%。与此同时，2023年上半年，中国汽车出口214万辆，同比增长75.7%，其中新能源汽车出口53.4万辆，同比增长160%。

伴随着新能源汽车的快速增长，与之相配套的充电设施的需求也大幅增长。除了充电桩数量上的需要，充电参数的标准化，以及安全性、兼容性等方面的要求也被提了出来。

**科技攻关解决充电技术标准问题**

要知道，汽车充电并不像家里普通的电器直接插上220V插座就可以了。电动汽车的充电功率比较大，不仅要保证大电流传输过程中，不造成电池过热和起火，还要解决好充电插口的一些安全性问题，比如跌落或者碰撞不会影响使用或造成安全隐患；在用户的经常插拔中，不会有寿命问题；在通过车辆碾压以后不会发生损坏；可防水防尘，以免到了恶劣环境不能使用；充电完成后能及时断电，避免过充造成电池损害或者危险……

而且，即便电动汽车与充电桩之间连接上了也不能直接充电，还需要二者之间有一个"通信协议"，就如同网络连接一样——在物理层上面，得先规定好双方的通信协议标准，双方完成通信了，电动汽车与充电桩之间才能开始充电。简单说，充

科研团队探讨技术问题

电桩不只是单独的一个桩,它也是联网的,即便汽车是正常的,充电桩也是完好的,但两者之间如果没有达成这个"协议",交互的流程不同,仍然是不能进行充电的。另外,充电过程中还可能出现其他一些突发情况,比如电网突然来了一阵浪涌,充电桩或者电动汽车的电池管理系统中的某个信号不响应。

　　汽车充电面临的这些问题,从根本上来说都与充电的相关技术标准有关。而这些标准的缺失,也在客观上制约着新能源汽车行业的快速发展。但标准怎么来制定?依据是什么?面对这些问题,国家电网北京电力公司旗下的北京电力科学院(以下简称"北京电科院")一直在开展相关的科技攻关,有着长期的技术积累。根据行业的发展的需要,北京电科院向北京市科委申报了"电动汽车充电设备兼容、安全充电关键技术、核心装备及规模化应用"的科技计划项目,获批后通过科研人员数年的攻关,突破了一系列技术瓶颈,为汽车充电设施的高效检测,以及充电的兼容性、安全性等提供了保障。该项目还因此获得了北京市科技进步奖二等奖。

**新检测技术保障充电桩兼容性与安全性**

　　解决充电桩与电动汽车的兼容性是该项目的主要目标之一。在以前,车辆和充电桩之间的不匹配是很常见的现象,比如一个充电桩它可以跟 A 品牌的车匹配充电,也可能跟 B 品牌的车充电,却无法与 C 品牌的车充电,因为 C 车有自己的标准,跟 A 和 B 的不一样。

要解决这个问题，就需要通过检测来找出具体哪个地方不匹配。用什么来检测？就是北京电科院通过项目研发获得的一些关键技术成果，可以通过这些新的技术检测手段，发现充电桩与各品牌汽车不兼容的具体的点，进而通过调试、改进等措施，让充电桩的兼容性更强。

电动汽车充电的电流量大、电压高，安全性至关重要。因此，其充电时的电流、电压都必须控制在一个安全的基准线内。以前，充电桩给汽车充电时，汽车电池需要多少电就充多少。但是如果电池自身的管理系统监测失效，电池有异常情况，充电时就容易出现过充、过热、温度过高等现象，继而引发火灾、爆燃等事故。

北京电科院的科研人员通过技术攻关，研发出来一系列检测与诊断技术，它可以从充电桩这一侧，对汽车电池进行实时监测或诊断，一旦发现汽车的电池异常，就会自动降低功率或直接断电，以保护车辆的电池，避免引发事故。

这些检测与诊断过程中发现的问题往往都具有普遍性，在推动厂商改进调整过程中，它们也慢慢形成了一套统一的技术标准。这些标准后来成为国家标准和行业标准的重要支撑，推广应用以后大大提升了我国充电桩与电动汽车的匹配率。有研究显示，我国以前充电桩与电动汽车的充电匹配率不足40%，而如今，这一数字已达到了98%。

## 智能化运营维护提升检测效率

要保证充电桩的兼容性与安全性，就需要对充电桩进行运行维护。传统的做法是派几批人去现场巡视、巡检，但这样做存在不少问题，因为智能化水平低，主要依赖的是人工，对于一些隐蔽性很强的故障就不容易发现。就像检验一个充电桩好不好用，有没有问题，表面上看不出来，只能拿一辆电动车来充电试试，却可能会出现这辆车能充、那辆车不能充的情况。

这时候，就需要更加标准化、高效能以及更全面的检测手段。北京电科院的研发成果中，就有一项是充电桩的智能化检测，它可以在较短的时间内，通过智能化的检测设备快速发现充电桩的各种问题。

2015年，修订版新能源汽车充电接口及通信协议方面的5项国家标准发布，进一步明确了充电标准，规范了充电桩市场。而北京电科院研制的智能化检测设备，也是以此标准为基础的。

北京电科院之前曾经研发过名为"小Q"的充电桩现场智能检测仪，之后又通过技术研发，对这一款产品进行了升级。新升级的产品检测性能指标更加全面，包括了电气性能、通信协议、互操作性，以及其他的一些安全性指标等。

研发的检测仪器还实现了一体化的测试流程。简单说不是按检测的类别一项一项进行，而是通过一个综合的流程去做数据的采集与执行。通过这种优化的流程，检测效率提升了两倍以上，检测时所要携带的器具等也大为精简，减轻了工作人员的负担。

这种智能化的检测仪器除了用于已安装充电桩的现场检测，还有很多别的用处。比如一些检测机构或充电桩生产厂家会用来发现他们的产品在设计、研发及生产过程中的一些问题，从而改进充电桩的设计，从兼容性与安全性等多方面去提升产品的性能。

在项目攻关的相关成果的基础上，北京电科院的科研人员还计划针对大功率充电以及此种情景下电池的相关安全保障等进行技术攻关。他们还计划开展相关充电控制的研究，比如用电紧张时的分时充电、V2G技术等。所谓V2G，英文全称为Vehicle to Grid，即实现电动车和电网之间的互动，充电桩不仅可以为新能源车充电，还可以反向接纳电动汽车输回来的电量，并将这些电再反向输回给电网，从而让电动汽车从单纯的交通工具转变为电网的一部分，充分发挥电动汽车"电力海绵"的特性。

**获奖情况**

电动汽车充电设备兼容、安全充电关键技术、核心装备及规模化应用

科学技术进步奖二等奖

# 精细化智能无人驾驶
# 助力区域物流提质增效

撰文 / 廖迈伦

从物流配送到共享出行,从无人零售到能源制造……如今,自动驾驶技术已经惠及千行百业,既有万亿级的市场,更解决亿万人的问题。

然而,自动驾驶技术在各类场景落地时仍面临着环境感知、意图理解、安全保障等诸多挑战,存在极高的技术开发难度。正因如此,围绕L4级自动驾驶关键技术开展产学研合作攻关,已经迫在眉睫。

## 聚焦痛点——解决物流难题,适配多样化场景

物流行业作为自动驾驶的重点应用场景,成为亟待关注的痛点领域。

2022年,全国社会物流总费用约17.8万亿元,占GDP总量的14.7%,而2022年末全国的总人口数约为14.12亿。这就相当于每个公民一年会承担1万以上的物流费用,成本水平处于高位。

同时,从业条件艰苦造成的人员不足,也是眼下物流行业面临的重要问题。以机场物流中的行李托运为例:乘机人的行李,需要由司机驾驶拖车运送到飞机上,但相比普通客运车辆的驾驶员,他们的工作更为艰辛。由于行李拖车并不设置车门与空调,司机工作时会受到室外环境的极大影响——冬季驾驶时大风呼啸而过,寒冷彻骨;夏季烈日炎炎,机场地表温度常能达到60℃以上,司机挥汗如雨已是常态。此外,飞机巨大的引擎声响,还会对司机的听力造成影响。

近年来,以自动驾驶技术赋能物流行业,降低物流成本、解决人员匮乏的难题,已成为物流行业发展的"崭新之路"。聚焦物流行业本身,这条路又可被分成四个阶段,即"5+500+50+5"。

其中,第一阶段为最初5公里的物流,即区域物流;第二阶段为干线物流,是

驭势科技在香港国际机场开展全球首个无人物流常态化运营项目

以 500 公里为半径的城市间物流；第三阶段是以 50 公里为半径的城市内货运；第四阶段则是最后 5 公里的配送。相比其他阶段，区域物流环境复杂性相对较弱，突发情况出现的频率相对较低，并且具有不间断高频运输的需求，更适宜与自动驾驶进行有机结合。

为此，驭势科技研发团队与机场、工厂等实体经济领域企业合作，开展区域物流运输无人驾驶关键技术研发，并依据不同应用场景对相关技术进一步精心打磨，逐步实现产业化应用。

**有备无患——多重冗余安全技术，保障运行过程万无一失**

安全是发展的基础。在自动驾驶领域，安全问题是人们关注的重中之重。与具有一定容错率的领域相比，自动驾驶对安全稳定具有更高的要求。可以想见，手机程序闪退甚至失灵一般不会造成重大影响，但一辆正在高速行驶的汽车若失去控制，很可能会造成无法挽回的悲剧。

为此，研发团队引入"冗余"安全理念，研发突破"整车级"智能驾驶安全架构体系，极大地提高了自动驾驶物流车辆的安全性，为实现无人化运营奠定了基础。研发车辆设置了三套安全机制，既避免了一套机制（如刹车）失灵后"无人接管"的窘境；也能在差异化信息（如定位不同）出现时，根据"多数原则"快速作出正确的选择。

这三套安全机制的添加，是否意味着成本的增加？自动驾驶汽车作为一个消费产品，需要很好地平衡安全与成本，实现"添客不杀鸡"。具体来说，为了保证安全，三套安全机制必不可少。但在设计时，可以在不添加新硬件的情况下实现"冗余"，让既有的硬件设施承载更多功能，变为多用途硬件，从而在保障安全性的前提下，将成本控制在可接受的范围内。

### 多措并举——多源定位融合算法技术，实现鲁棒性精准定位

随着导航软件的发展与普及，人们对定位精确性的要求也越来越高。一旦软件出现了定位错误，车辆很可能会走上错误的路线，甚至南辕北辙。而在自动驾驶领域，定位的错误还可能带来不必要的道路安全风险。

例如，在物流园区中，双向两车道中间通常并无隔离带，会车之时，自动驾驶的车辆定位若偏差到对方车道，很可能引发交通事故。若在机场场景中定位不准，车辆还可能与停机坪上的航空器发生碰撞，引发严重后果。由此可见，精准的定位是自动驾驶领域的安全基础。

为保障定位的准确性，自动驾驶汽车常搭载"全球导航卫星系统"（GNSS）。该系统融合了中国的北斗卫星系统（BDS）、美国的全球定位系统（GPS）、俄罗斯的格洛纳斯卫星导航系统（GLONASS）和欧盟的伽利略卫星导航系统（GALILEO）。绝大多数情况下，这套系统能够保证定位的准确性。然而，当天空云层极厚、多架飞机起落带来电磁干扰时，便有可能出现定位漂移。

面对这一问题，研发团队另辟蹊径，从人类的视觉定位功能中汲取灵感，为系统添加"记忆点"，以便在自动驾驶汽车二次到达相同地点时，迅速唤醒以往"记忆"进行判断。同时，系统还具有人眼一般的根据交通标识、车道线等进行定位判断的功能，即"语义定位"功能。

驭势科技无人物流车 T30 模型

驭势科技在乌鲁木齐国际机场落地全球首批机坪无人驾驶行李牵引车

为实现系统对人眼功能的模拟,自动驾驶车辆需要视觉传感器和激光传感器两种硬件设备——这两者本来就是自动驾驶中感知环境、避免碰撞的必备硬件,因此,系统只要在原有基础上添加一套新的软件算法,让它们具备辅助定位功能,便可实现"一物多用""添客不杀鸡"的效果。

除此以外,系统还将收集轮速机运转圈数等多样化细节信息,传送至"大脑"帮助综合决策。最终,研发团队采用的"高精度多源定位融合算法技术",成功突破了在复杂环境下的高鲁棒性厘米级精准定位难题,实现了对高安全多场景 L4 级自动驾驶系统的核心技术突破。

### 风雨无阻——目标识别及细粒度环境感知技术,"天公不作美"也能畅通无阻

迄今为止,自动驾驶汽车在天气晴好的情况下往往能在园区中实现"自在畅游"。然而,当雨、雪、雾等恶劣天气来临时,它们可能只好"原地站岗"。

这一情况与自动驾驶系统感知能力的局限性密切相关。事实上,"感知"功能最基础的目标是从噪声中发现真正有用的信号。天气晴好时,信号清晰、噪声很少,信噪比较大,有用的信号很容易被捕捉;而当雨雪雾来临或漫天沙尘时,会产生更多噪声,信号捕捉此时变得更为困难。此外,一些小"例外"也会增加信号捕捉的难度,比如前车喷出来的尾气、雨后高速行驶中前车甩出的水雾、洒水车喷洒的水,都可能被识别成需

要躲避的障碍物。

目前，雨雪雾天气的自动驾驶面临两个亟待解决的重点问题：首先，正确捕捉信号，避免障碍物漏检；其次，过滤噪声，避免将非障碍物识别为需要躲避的障碍物。然而，这两者往往是"按下葫芦浮起瓢"，过于积极的信号捕捉或噪声过滤，都可能让自动驾驶汽车寸步难行。

尽管面临挑战，但区域物流作为高频的生产和运输服务场景，无法停歇。为解决这一实际问题，研发团队不仅攻克了目标识别及细粒度环境感知技术，自主研发的全景分割技术更是达到了业界最高精度，解决了雨、雾、雪等天气因素对自动驾驶系统感知功能的影响。

据了解，这项技术类似雷达检测敌机的过程，即通过技术手段从噪声和信号的混合体中，寻找真正的信号。同时，研发团队还调用大量数据与场景进行测试，确保其安全性，并不断提炼通用的识别技术，使系统能够更好地处理突发的小概率事件，力求达到"有备无患"的境界。

### 未来可期——项目成果走出国门，肩负强大使命

人脑是宇宙中最复杂、最神秘的结构之一。自动驾驶系统的"大脑"若想完美复刻人脑的功能，在目标识别与环境感知的基础上，还需要进行意图理解能力的培养。在自动驾驶的过程中，前方如果突然出现了一个物体，系统需要在瞬息之间判断它是什么，下一步会往哪个方向移动，速度大约是多少；如果是一位交警，他的手势代表了什么含义？

这些问题的解答，离不开精密算法的支持。随着技术的进步，深度学习算法已被研发团队应用于自动驾驶中，未来随着世界最先进的潮流，研发团队将会不断对算法进行迭代更新，确保最为先进的技术应用于实际场景中。

近几年，元宇宙概念在各个技术领域得到了广泛应用。当自动驾驶遇上元宇宙，会不会产生什么神奇的化学反应？研发团队将真实世界"像素级"复制到了虚拟世界中，让自动驾驶汽车在其中驰骋。如此一来，人们能够更直观地看到无人车运行的情况。同时，在车辆未实际测试前，就可提前发现可能面临的各种问题，避免了现场调试中产生不必要的时间与人力成本。

除像素级的1∶1拷贝外，研发团队还将自动驾驶的某些重要特性在虚拟世界中进行仿真，比如模拟车辆在超车时可能遇到的上千种不同情况，从而测试自动驾驶的决策能力和规划控制能力。这些仿真模拟更具针对性，且不受现实世界的限制，可达到日行千万里，甚至亿里。

今天，本项目成果已广泛应用于机场、汽车制造等十多类实体经济的70余个场内无人物流项目，并出口至沙特阿拉伯、阿联酋、韩国、新加坡等国家，实现了多类特定场景无人驾驶商业应用方面的国际首创。

在本项目成果的推动下，自动驾驶技术研究行稳致远。未来，研发团队还将不断探索科技前沿，为实现我国科技自立自强保驾护航。研发团队将继续深耕自动驾驶领域，肩负起"2031"使命，即保障两个"零"：零拥堵、零交通事故死亡；实现三个"1/3"：让城市里为汽车分配的土地（包括车道、停车场、加油站等）减少1/3，出行和物流的成本降低1/3，通勤时间中有1/3能够进行更有意义、更具生产力的工作。

区域物流运输无人驾驶关键技术研发及产业化应用

科学技术进步奖二等奖

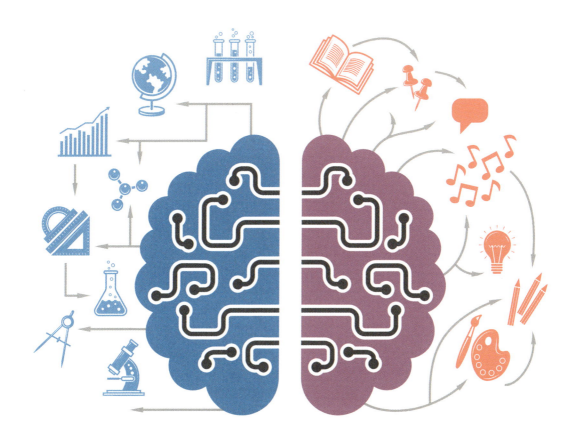

# 2021年
北京市科学技术奖获奖项目

**FLASH INNOVATION**
创新在闪光（2021年卷）

# 创造人民美好生活

# 畅想未来出行
# 自动驾驶"驶"入生活

撰文 / 段大卫

当前，汽车产业正进入新一轮科技革命和产业变革中，随着深度学习技术的应用，国内外纷纷展开了对自动驾驶技术的研究。"面向复杂交通场景的自动驾驶系统研发及产业化"项目成果，为一套自主可控、面向大规模商业应用的自动驾驶系统，对构建开放创新的产业生态，加快产业升级具有重要意义。

当瓦特改良蒸汽机之后，机器出现在人类社会上，掌管机器的人，最初都被称为"司机"。而当四轮驱动的汽车，逐渐成为人类出行的交通工具后，司机则成为专有名词。

未来出行，"司机"会消失吗？在驾驶领域，解放人力也可控制机器能否成为现实？实际上，智能化是未来汽车的发展趋势，自动驾驶正成为并将持续成为汽车产业转型升级的重要引擎。

当前，汽车作为国家战略新兴产业，正进入新一轮科技革命和产业变革中。为此，研发一套商业级、自主可控的自动驾驶系统，构建开放创新的产业生态，对于保障人民生命安全，加快产业升级，具有重要意义。

## 自动驾驶正成为新的技术制高点

2019年，《交通强国建设纲要》（以下简称《纲要》）指出，实现交通运输由大向强的历史性转变，关键要靠科技创新，为未来智慧交通建设指明发展方向。

《纲要》中明确指出，要大力建设智慧交通，着力培育具有国际竞争力的基础设施建设、运输装备制造等技术能力，加快"互联网+交通运输"、自动驾驶、新能源交通装备等推广应用。

2022年，交通运输部印发《交通强国建设评价指标体系》，"综合交通智慧化水平"即交通基础设施数字化、网联化水平、交通装备与运输服务智能化水平、重点物资运输电子运单覆盖率、自动驾驶和车路协同水平。

在《国民经济和社会发展第十四个五年规划和2035年愿景目标纲要》中提到，"要加强泛在感知、终端联网、智能调度体系建设；发展自动驾驶和车路协同的出行服务"等重点内容。

近年来，我国自动驾驶和智能汽车产业发展迅速，实现了从技术研发到应用的全面落地。在国家相关产业政策的支持下，中国自动驾驶产业和智能汽车产业加速成熟。

其中，以百度为代表的高新科技企业，提出了中国独有的自动驾驶规模化落地解决方案，并逐渐形成自动驾驶芯片等硬件生产、技术解决方案研发、整车制造等产业链生态全覆盖，奠定了技术自主的基础。

"自动驾驶正成为新的技术制高点，为确保技术的国际领先和自主可控，百度从2015年就开始对其正式立项并做重点投入，全面开展自动驾驶系统研发及产业化工作。"在自动驾驶的研发上，百度自动驾驶技术的相关研发人员自喻百度正在坚定地投入无人驾驶技术攻关的"珠穆朗玛峰"，即打造规模商业化场景自动驾驶出行服务。

十年如一日，新技术的研发需要在攀峰的过程中不断奋斗。在百度看来，自动驾驶是人工智能领域最重要的应用场景之一。百度的研发人员表示，"百度在攀峰途中，需要通过技术降维实现商业化造血，又把落地场景中积累的能力反哺到无人驾驶。"

目前，百度在自动驾驶领域全面布局了车（ASD汽车智能化）、路（ACE智能交通）、行（萝卜快跑）三条商业化路径，可以说，百度自动驾驶已经处于全球领先的地位。

**自动驾驶面向复杂交通场景的挑战**

全球汽车产业的变革已经越来越清晰，传统内燃机汽车的价值体系正在崩塌，围绕"未来车"的全新价值体系正在重新构建。而认定自动驾驶技术是人工智能顶级的工程，将彻底改变人类出行和生活。

从2015年开始，百度开始大规模投入自动驾驶技术的研发。自动驾驶技术还带动了高精地图、卫星导航定位、GPU、专用加速芯片、电动底盘等技术的全面发展。

据了解,根据无人化程度,自动驾驶被分为L0至L5共6个等级。L1、L2是辅助驾驶,需要司机操控或随时接管;L3及以上是自动驾驶,事故主要责任从司机变为系统,但L3仍需要司机坐在驾驶位以及时接管。

而到L4等级,则可以去掉驾驶员,在一定环境内无人驾驶;L5则是在任何天气、路况下都可以无人驾驶,被誉为"自动驾驶的星辰大海"。

"L4级以上的自动驾驶的实现,在硬件、软件层面,在算力、算法、数据层面,其技术难度不是线性的增长,而是指数级增长。"百度的研发人员介绍说,到达L4阶段,要平衡的两个关键因素是"能力"和"规模",二者相辅相成。

不具备过硬的驾驶能力无法在扩展规模的同时保证安全;反之,如果规模跟不上,驾驶系统无法获得充分验证,不能更快地迭代技术能力,也就不能充分保证安全。

L4级以上自动驾驶研发的两大核心指标是"安全"和"成本",安全保障结合有竞争力的成本,才能够让自动驾驶跨入规模化运营阶段,逐步实现"无人驾驶"的终极目标。

近年来百度Apollo持续对核心技术进行突破,在面向中国复杂的交通情况下,构建系统完备的、具有自主知识产权的自动驾驶技术体系。

在面向复杂交通场景的自动驾驶系统中,如何保证驾驶安全性和系统可靠性?百度的研发人员提到,当前我国的自然人考取驾照需要通过5项测试,而自动驾驶

百度全无人自动驾驶车辆

考驾照则要100%通过102项场景覆盖测试。

2021年8月18日，百度自动驾驶出行服务平台"萝卜快跑"上线。百度的研发人员介绍说，"萝卜快跑"的自动驾驶车辆拿到许可上路，须经历包括应对行人违章通行、施工路段绕行等102个场景的考试，还必须在自动驾驶测试场进行不少于5000公里的测试。

"对于无人驾驶来说，最重要的是保证安全。"近年来，工信部积极采取有效措施，从构建标准体系、推动修订法律法规、强化技术试验、组织先行先试等方面协同发力，为自动驾驶牢筑安全底线。百度的研发人员认为，从某种意义上来看，中国的自动驾驶车辆是全世界最安全的。

### 自动驾驶"驶入"现实生活

确定了技术落地路线，更多的人将会享受到自动驾驶技术的成果红利。无人驾驶技术的应用场景非常多，比如物流配送、共享出行、公共交通、环卫、港口码头、矿山开采、零售等领域。无人驾驶技术的应用将带来巨大的社会经济效益，包括减少交通事故、提高交通效率、节约能源、改善环境质量等。同时，无人驾驶技术还将改变人们的出行方式和生活方式，比如可让出租车变得更加高效、普及，减少交通拥堵等。

政策层面上看，工信部最新发布的《关于开展智能网联汽车准入和上路通行试点工作的通知》提到，在保障安全的前提下，促进智能网联汽车产品的功能、性能提升和产业生态的迭代优化。

具体城市实现上，深圳迈出第一步。其最新发布的《深圳经济特区智能网联汽车管理条例》，是国内首次对智能网联汽车的准入登记、上路行驶等事项作出具体规定，也是国内首部关于智能网联汽车管理的法规。

目前，百度正以实现中国城市道路安全的无人驾驶规模化商业运营为目标，聚焦中国的全无人商业化运营的规模化拓展。

据悉，截至2023年1月，百度的自动驾驶出行平台"萝卜快跑"，累计订单量超200万，百度已成为全球最大的自动驾驶出行服务商。同时平台已经覆盖到北京、上海、广州、深圳、重庆、武汉、阳泉、合肥、长沙等城市，其中，武汉全无人自动驾驶订单量增长迅速，单日单车峰值订单超20单。

当下，无人车出行不是尝鲜，已经融入老百姓的日常生活。百度下一步将面向更为复杂的行车场景，对无人化技术持续进行迭代优化，同时继续推进开源开放和产学研协同创新。

### 未来出行："聪明的车"和"智慧的路"

科技向善，安全为先。以安全可靠、舒适便捷的自动驾驶体验，解放双手，构建人车信任，才能赋予车内时间与空间更多可能。

在北京市亦庄地区，有不少乘客评价其为"中国第一个无人驾驶生活圈。"据了解，在亦庄高级别自动驾驶示范区，严格按照主驾有安全员、副驾有安全员、车内无安全员等阶段逐步放开，而获取T4牌照自动驾驶车辆还需要100%通过102项场景覆盖度测试，难度比人类考驾照高出一个数量级。

同时为保证驾驶安全性和系统可靠性，我国工信部出台的《智能网联汽车道路测试管理规范》中，还建立了相关事故24小时逐级上报的机制。

自动驾驶是依赖于技术、政策、产品等多方融合的重度创新。首先必须从底层的子系统确保安全，包括泛感知系统、决策规划系统等；其次以技术创新驱动长期发展，包括算法模型、AI基础设施、量产车，以及对高精地图、V2X的依赖等，需要具备绝对的技术优势，不能有明显短板。

"自动驾驶是起点，终局是智能交通、智能城市，甚至是智能社会。"百度提出，

全无人自动驾驶已经驶入百姓生活

北京亦庄成为"中国第一个无人驾驶生活圈"

未来出行方式的改变,来自"聪明的车"和"智慧的路"两个方面。

具体来讲,真正安全的无人驾驶,需要"智慧的路",无人驾驶的普及能降低90%的交通事故,让出行更安全。

而智慧的路,会打开"上帝视角",与"聪明的车"相互协同,实现真正的智能交通,带给老百姓更加安全、便捷、高效、绿色、经济的交通出行体验。

十年前,当百度决定投资自动驾驶技术的时候,以王云鹏、陈卓、马彧、万国伟等为代表的百度自动驾驶专家认为它是人工智能顶级的工程,将彻底改变人类的出行和生活。

"百度一直坚持压强式的、马拉松式的研发投入,以技术创新驱动长期发展。"下一个十年,百度自动驾驶专家仍旧提出将坚持技术投入,确保在人工智能、自动驾驶技术上的绝对领先,为人类智慧出行贡献力量。

面向复杂交通场景的自动驾驶系统研发及产业化

科学技术进步奖一等奖

# 无需开胸和全麻
# 为老年人嵌入崭新的"心"门

撰文 / 李晶

主动脉瓣疾病是危险的老年常见心血管病之一，可导致心力衰竭、心绞痛、晕厥和猝死，尤其重度主动脉瓣狭窄一旦出现临床症状，两年死亡率高达 50% 以上。由中国医学科学院阜外医院高润霖院士、吴永健主任领导的研究团队开发的微创介入经导管主动脉瓣置换术（TAVR）无需开胸，无需全身麻醉，无需体外循环即可完成瓣膜置换，提高了老年患者的治疗率，极大改善了患者的生存率和生活质量。

人体周身的血液循环是"单向闭环"进行的，为其提供动力的就是我们的心脏。众所周知，心脏可分为左心房、左心室、右心房、右心室。静脉血液由右心房至右心室，通过肺动脉、毛细血管、肺静脉汇入左心房。而后，富含氧气的动脉血经左心房室间的二尖瓣流入左心室，再通过主动脉瓣涌入主动脉，进而为全身各器官组织输送血液。动脉血在毛细血管处会与组织器官进行氧气、二氧化碳以及营养成分、代谢废物的交换，向组织释放氧气。

简言之，血液循环是一个单向行进的环路，从血液由左心室涌向主动脉开始，由左心房回到左心室而完成。左心室连接着两条通道，而指挥血液流向的就是主动脉瓣。当主动脉瓣打开时，左心室连接主动脉的通路打开了"门"，动脉血经此涌入主动脉；当主动脉瓣关闭时，来自左心房的血经二尖瓣输入左心室内。在一次次舒张、收缩的过程中，主动脉瓣帮助维持着人体周身血液的循环，它周而复始地工作，让血液保持前向流动，防止心脏注入主动脉的血流返回到左心室中。

作为重要的"交通枢纽"，主动脉瓣的构造自有特别之处。它由三个半月瓣组成，每个半月瓣都位于左心室内，并且附着在主动脉上。舒张时，三个半月瓣像花瓣一

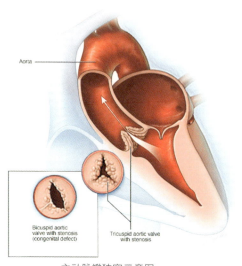

主动脉瓣狭窄示意图

样撑开，收缩时又合拢为"含苞"的圆形片状。

正是因为主动脉瓣在血液循环中的关键作用，一旦其出现重度狭窄或引发返流，就需要"换新"了。医护人员通常会借助外科手术进行生物质主动脉瓣的置换，这些生物质瓣膜通常由经过处理的牛心包或猪心包制成，一般不会产生排异反应，但预期使用寿命仅为十年左右。

### 主动脉瓣病变是潜伏的"隐形杀手"

主动脉瓣病变与冠心病都是老年常见的心血管疾病。其中，冠心病是跳跃式发展的一种疾病，可能突发心肌梗死，在及时治疗后又进入很长一段时间的平静期，再度出现梗死后，患者可再次进行治疗……

相比之下，主动脉瓣病变则是一位"潜伏高手"，患者会经历无症状、轻症状到重症状的漫长病变过程，直到出现了心衰、气短、心绞痛甚至晕厥被送到医院后时，才会在影像学的各种检查中发现病变的端倪。

遗憾的是，在未出现症状前的很长一段静止期，患者的心脏已经受到了不可逆转的损伤。在发现病情后，主动脉瓣病变一般已经十分严重，需要将病变的瓣膜置换为人工的生物瓣膜。

针对瓣膜性心脏病，常用的治疗方法是外科手术。在评估患者身体状态适应的前提下，通过手术将原有的、已经发生病变的主动脉瓣剪去，再缝合一块人工的生物质瓣膜作为修复。由于该手术涉及开胸和全身麻醉等过程，患者的年龄成为这项手术很难逾越的一个障碍。

20世纪七八十年代，主动脉瓣病变主要以先天性和风湿性心脏病为主。2000年以后，随着我国人口老龄化发展，老年退行性瓣膜心脏病的发生率越来越高。中国瓣膜性心脏病队列China-DVD和China-VHD研究发现：在我国，主动脉瓣疾病占60岁以上老年瓣膜病的30%，老年症状性重度主动脉瓣疾病患者中，约一半未接受手术治疗。

由于年龄越大，手术伴随的风险越发增加，许多老年人患上瓣膜性心脏病后无法采取外科手术治疗。对于这些患者而言，严重的瓣膜性心脏病留给他们的生存时间将极为有限，可预期寿命一般只有几年，两年的死亡率甚至高达 60% 以上，这比许多癌症的死亡率还要高。

为了解决老年人的迫切需求，中国医学科学院阜外医院高润霖院士、吴永健教授项目组牵头，对主动脉瓣疾病微创治疗技术进行了深入的探索。历经十余年，多款适合中国患者特点的瓣膜系统陆续问世，微创诊疗技术如雨后春笋般迅速蓬勃发展，成为临床医学和医疗产业的热点。

## 瓣膜置换手术的"B 计划"

新型的微创介入技术，最初在冠心病、心律失常和先天性心脏病的治疗中获得较好的效果，于是国外首先开始了通过相关技术治疗瓣膜病的研究。世界上第一例采用微创介入经导管主动脉瓣置换的手术，是由法国鲁昂查尔斯尼科尔大学的 Alain Cribier 教授于 2002 年 4 月完成的。

TAVR，是采用腔内导管技术，将人工瓣膜装载入导管系统，通过外周血管或心尖的途径，将人工瓣膜放置于主动脉瓣位置，置换病变瓣膜的一种手术方式。由于仅需微创介入治疗，可避免传统主动脉瓣置换手术中开胸、体外循环、心脏停搏等危险因素，大大降低手术的风险。

在微创介入方法治疗瓣膜病的早期探索中，曾发现过一些出血、瓣膜移位、冠状动脉闭塞等问题。但随着研发进入新的时期，相关技术也逐渐得到了进一步的优化。此后，更加成熟的 TAVR 在全球范围内得到推广应用，迄今已有二十余年的发展历程，其有效性和安全性已积累了大量的循证医学证据。

我国的 TAVR 起步稍晚，大约在 2010 年才开始这方面的探索，引入国外相对成熟的

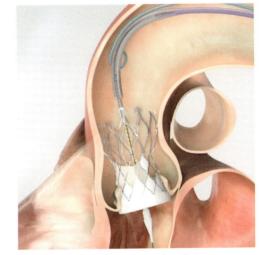

主动脉瓣狭窄示意图

TAVR,是尽快解决病患困扰的最初方案。然而,国外的TAVR在我国的适用性并不理想,因为我国主动脉瓣疾病患者的解剖特征,与国外存在一定的差异,导致主动脉瓣疾病的介入治疗难度大幅增加。为此,我国的TAVR发展还是经历了一段"摸着石头过河"的时期。

经过对比研究团队发现,国外的主动脉瓣疾病多表现为三叶瓣退行性主动脉瓣病变。反观我国的主动脉瓣疾病,主要呈现出瓣叶极重度或重度钙化、钙化分布导致开放受限、二叶瓣畸形比例较高、风湿性病变导致的瓣叶交界粘连等特点。

因此,在中国发展微创介入经导管主动脉瓣置换术,只有"先归零再开始",从核心器械到诊疗规范,一点点地去摸索。

### 从零开始探索适合国人的治疗方案

万事开头难。研究团队回忆,早期的几台TAVR都是从早做到晚,甚至到第二天的凌晨。经过一而再、再而三的实践、分析和总结,研究团队终于找到了适合中国患者的TAVR治疗方案。

除了手术,主动脉瓣介入瓣膜的研发过程也并不顺遂。它是TAVR的核心器械,一般由支架、心包、裙边组成,既要承托住正常运行的生物质瓣膜,又要能够稳定地贴合在原主动脉瓣的位置,且不影响紧邻的冠状动脉(否则可能引发冠心病甚至猝死)。

研究团队早期研发的瓣膜因为支撑力大小问题,曾经过多次改良——先是支撑力不足产生了滑落,增加支撑力后缺乏冗余度又造成移位。经过近一年的不断调试,我国的第一批瓣膜终于得以应用,种类也更为丰富。

为了更好地定制每个主动脉瓣微创介入治疗的方案,主治医生会通过三维、四

国产人工瓣膜的更新迭代

维的影像学检查，将所需瓣膜的不同经线仔细量出，根据测量数据"量体裁衣"为患者提供最适合的一款瓣膜。

研究成果的重要社会效益

2012年，研究团队开展了首例Venus-A人工瓣膜植入手术并取得成功。在国家"十二五"科技支撑计划的支持下，研究团队又牵头完成我国第一个TAVR临床试验。2017年，作为中国首款自主研发的人工瓣膜VenusA-Valve获国家药品监督管理局审批，正式进入临床应用。

在首个临床试验基础上，研究团队又对多平面评估技术、局部麻醉TAVR、经颈动脉TAVR、急诊TAVR及术后心脏康复进行了探索。数据显示，目前我国老年主动脉瓣疾病新型经导管微创介入治疗，成功率已经达到了98%，严重并发症和死亡率已降到1.5%，这一数据与西方国家的相关数据基本相当。

在此基础上，研究团队继续探索经心尖微创介入治疗路径，使用我国自主研发的J-Valve瓣膜开展主动脉瓣关闭不全治疗的临床试验，成为国际首个在主动脉瓣返流（AR）治疗领域的TAVR临床试验。

在多学科基础上，研究团队逐步建立并完善了联合超声、CT、MRI影像学技术、基于国人解剖特点的瓣膜介入术前多维度评估体系，创立了国内首个TAVR影像学核心实验室，并在国际上首次提出"多平面评估"，有效降低了术中瓣周漏、瓣膜移位等不良事件的发生率。

## 标准化诊疗模式，让更多患者受益

在技术相对成熟后，研究团队在全国范围内进行了规范化的技术培训，帮助安贞医院、中国人民解放军总医院等十余家北京地区的医院开展了TAVR，并且搭建起覆盖京津冀地区的TAVR技术协同发展平台，联合开展相关临床研究。

主动脉瓣微创介入治疗技术探索

随着 TAVR 的不断成熟，研究团队与全国多家医院紧密合作，完善行业标准，创建技术培训网络、临床研究及学术交流平台，并取得良好的社会和经济效益。与此同时，我国 TAVR 的临床路径也受到了国际同行重视，中国 TAVR 和国产瓣膜纷纷走出国门进行手术演示和技术指导。

经过十余年探索与自主创新，研究团队已建立起我国 TAVR 人工瓣膜研发的理论体系和技术标准，构建了从术前诊断评估、优化治疗策略、手术方案制定、实施到围术期管理和康复的完整技术体系，并建立多学科团队协作的新型医学诊疗模式，为我国老年瓣膜病优化治疗策略提供思路和科学依据。

截至目前，项目成果已斩获专利 80 余项，制定国家标准 1 项、相关共识 4 项、临床路径 2 项。成果应用于全国近 400 家医院，超过 18000 例患者接受治疗，推动我国 TAVR 和国产瓣膜走出国门，收到来自美国、加拿大、印度等 30 余个国家和地区进行手术演示和技术指导的邀请。

国产 TAVR 现已进入第二代研发阶段，研究团队将以创新为己任，根据中国患者的特点继续迭代 TAVR 治疗技术体系、升级相关产品和技术，并发展由人工智能参与的手术规划和指导，实现精准诊疗。

**获奖情况**

老年主动脉瓣疾病新型微创诊疗技术体系的建立发展和应用推广

科学技术进步奖一等奖

# 新病毒来袭？别怕，我来悄悄保护你

撰文 / 王雪莹

2000 年以来的多次疫情，提示新病毒会带来重大健康危机。尤其是最近三年的艰苦抗疫，全人类付出了惨重代价。疫情的洗礼，磨砺了人类社会的"免疫系统"，创建了针对新突发传染病疫情快速反应的基石：重大传染病防控产品研发支撑平台。

病毒，古老而神秘的小小生命体，伴随人类进化一路走来，却遮遮掩掩着自己的面纱，蛰伏在阴影里伺机吞噬生命。早在《周礼》中就有对"疠疾"，即瘟疫的记载。从史料的只字片语中，仍能一睹那惨烈的景象。

二月大疫，冯茂在句町，士卒死疾疫者十有六七。《后汉书·王莽传》辛亥，六月，浙西大疫，平江府北，流尸无算。《宋史·五行志》衡州连年大旱，又发疫灾，死者十九。

在古代，病患只能依靠自身免疫系统和自己的体质来对抗病毒感染，一旦感染只能休息静养，然后听天由命。从人类社会角度来看，对付瘟疫的有效手段只有一个：隔离。这就好比手术切除，将"病变"的部分人群与社会分离，直到那一部分人自愈或死亡。

## 新毒来袭措手不及

新千年的第一个十年，非典型性肺炎、禽流感、中东呼吸窘迫综合征（MERS）、埃博拉出血热（EBOV）等一系列新突发病毒性传染病陆续暴发。尤其是 2003 年的非典疫情，最初集中出现在广东佛山，后来在全国多个人口密集城市暴发，如北京、香港、台北等，最终几乎波及全球。

非典时期全国的医护人员动员集结

转基因动物全国供应

该病传播快速、无有效治疗方法、致死率高，给高速发展的全国经济踩下了急刹车。

虽然科技的发展带来了针对疫病的诊断试剂、疫苗和药物的开发技术，但当新突发传染病暴发流行时，人类又显得措手不及。患者出现症状，但缺少诊断试剂；科技工作者研究病毒，危险极高，甚至可能二次传播；企业研发诊断试剂，受限于关键试剂的生产速度；候选疫苗下线，无有效方法评价……人类引以为豪的社会"免疫系统"，在新疫情的冲击下，显得千疮百孔，储备不足，无法做到快速应答、及时发挥应有的保障作用。

这些问题暴露出来后，国家着手立项重大传染病专项、新突发传染病专项等一系列课题项目，填补"免疫系统"空缺的关键点和限速点。

### 砥砺前行二十年

什么时候会暴发新的疫病？侵袭人类社会的新疫病会是什么？在人类社会千百年的发展历史中，传染病疫情总是充满了未知，也正是因为不可预见性和病原的不确定性，建立一套完善的疫病防控体系需要长时间的积累。防控需求的急迫性与应对措施的滞后性之间的矛盾使科技工作者意识到，提前做好防控关键技术储备是及时应对新突发疫情的不二选择。

自非典疫情后，中国食品药品检定研究院、北京医院、北京义翘神州和神州细胞工程有限公司等企业、科研院所共同参与，着重开发诊断试剂、疫苗研发所需的新材料、新技术和新平台。历时近20年，承担国家级课题15项，先见性地构筑了系列关键技术及研究指南，涵盖诊、防、治等产品研发的所有环节，创建了病毒性传染病防控产品研发的支撑平台和评价关键技术。

一是疫苗和抗体产品的体内外有效性评价平台。研究人员采用低危甚至无危的病毒骨架，加上活病毒的"皮肤"（表面抗原），制成了平台专利的假病毒。假病毒具有与活病毒相同的识别位点、感染方式，但是不致病、不传染，可谓是"披着狼皮的羊"。用假病毒替代高危病毒，能显著降低疫苗研发、药效评价的难度，解决活病毒操作要求高等级实验室的瓶颈问题。平台储备有多种重要病原的假病毒资源，并针对不同病毒类型建立了与之对应的假病毒开发技术，从资源和技术两方面为应对突发疫情做好准备。

除了细胞水平的假病毒平台，研究人员还创建了遗传修饰动物模型研发平台。通过将病毒受体用转基因技术导入实验动物体内，制备成易感动物，实现人类病毒能够在动物体内感染的人源化模型，在临床试验之前实现更真实的疫苗和药物评价。研究人员将各种病毒的易感动物制成资源储备库，为防控产品体内效力评价提供关键技术支撑。

二是诊断试剂质量保障和评价平台。借助中国食品药品检定研究院自身优势，研究人员通过制定指南及标准品等方式，显著提升了试剂研制的质量，使其达到了国际同等水平。与此同时，北京医院的研究人员还研制了多种核酸质控品，建立了诊断试剂和实验室检测行业标准，规范了实验室检测过程，保障试剂质量和检测水平，大幅提升了传染病诊断能力，从而有助于人们快速识别来犯病原。

三是关键原材料研制平台。利用北京义翘神州和神州细胞工程有限公司的技术力量，研究人员建立了快速高效的抗原表达和抗体制备平台。以新冠病毒疫情为例，无论新冠病毒突变多快，该平台都可以在确认病毒优势株之后的1个月甚至1周内制备出疫苗、药物研发必需的抗原抗体，满足新突发传染病抗原和抗体的快速响应需求。

## 阻击病毒立奇功

人类与疫情的竞跑从未终止，没有人知道新的疫情什么时候会来、下一次它又

关键原材料的生产设备

会以何种形式再次出现，2020年席卷全球的新冠病毒疫情也是如此……春节，一个本应是阖家团圆的时刻，武汉却因为新冠病毒疫情的突然暴发而被迫封城。然而在这场与时间、病毒的赛跑中，科学家们从未轻言放弃。

在仅仅7天的时间里，研究人员就快速完成了评价疫苗有效性的假病毒中和抗体试验，只待第一支疫苗完成免疫。同时，研究人员还完成了对关键抗原抗体筛选、表达，动物感染模型的构建，以及新冠病毒诊断核酸质控品的研制与实验室检测能力评价与准入等。

在平台技术优势的助力下，工业级抗原研发周期从1个月以上缩短到了1周，研究人员不仅能在5天内完成对高滴度假病毒的构建，还能同时完成工业级细胞瞬时转染放大工艺，高效实现高通量自动化中和抗体滴度检测，快速验证"十混一"和"二十混一"核酸检测筛查策略……可以说，正是20年间的点滴积累，方才百炼成钢淬炼出一身铠甲，经受住了新冠病毒疫情的考验，补全了从确认病毒到疫苗评价，诊断试剂与实验室检测等整个链条上的限速漏洞。在平台的支持下，中国以奇迹般的速度，研制出第一代新冠病毒疫苗、诊断试剂，为快速控制疫情奠定了坚实的基础。

## 厚积征途待薄发

新冠病毒疫情给人类社会再一次敲响了警钟，新疾病的出现不仅带来了全新的挑战，也同时令人们更加清醒地意识到，新时代的传染病危机不可预见，需要全球各国提前积累足够的技术和资源储备。

目前，重大传染病防控产品研发支撑平台已根据全球疫病发展情况，针对埃博拉、新冠等 30 种病毒 2000 余株不同变异株研制了全球最大假病毒库，为国内外 100 多家单位和机构提供了技术支持。通过整合国际先进的基因修饰动物胚胎细胞、快速胚胎繁殖、活体成像技术等，研究人员研制出 56 种大小鼠易感模型，并向 60 余家研发机构提供基因修饰小鼠模型超 5000 只；建立不同荧光标记多型联检、高通量自动化假病毒中和抗体检测方法，真正实现了规模化检测，进一步推动 50 多个 HPV、新冠病毒等疫苗抗体产品研发；集成创新的快速筛选及关键生物试剂制备技术平台，积累了 43 种病毒 5000 多个关键抗原抗体，其中 H7N9、埃博拉、新冠等系列病毒

新型冠状病毒核酸检测质控品——适用常规检测

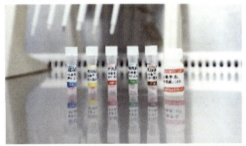

新型冠状病毒核酸检测质控品——适用隔离点检测

新型冠状病毒核酸检测质控品——适用变异株检测

新型冠状病毒核酸检测质控品——适用快速检测

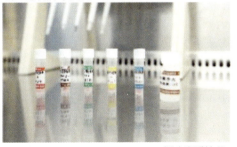

假病毒质控品

抗原抗体为全球首发；支持全球 3000 多家单位开展重大传染病基础研究和诊断产品快速研发，直接推动全球 53 个新冠病毒试剂获批上市；创建新型荧光蛋白标记技术、包装病毒基因长度国际领先的重组噬菌体技术、国际首创的尿液戊肝抗原诊断技术等，研制出 H7N9、新冠等 50 种病毒长基因片段的核酸质控品，制定非典、新冠病毒等重大传染病诊断试剂和实验室检测国家标准品或质控品、行业标准等，推动 500 多个新冠病毒诊断试剂研发，评价了全国 1 万多家临床实验室检测能力。

在人类的未来岁月中，病毒依然会像千百万年前一样，与人类的进化紧密相伴，躲在阴影里伺机而动。然而不同于只能被动承受的祖先，时至今日，人类已经有了可以不再"听天由命"的底气和实力——包括重大传染病防控产品研发支撑平台在内的一系列科学技术，将化身为一把把"防护之伞"，在生命进化的黑暗森林中更好地守护人类。

重大病毒性传染病防控产品研发支撑平台和评价关键技术创新和应用

科学技术进步奖一等奖

# 超高清沉浸式视频制播
# 让"虚拟在线"成为"现实触碰"

撰文 / 段大卫

**云观众、云包厢、远程解说、8K 超大屏……不断挑战着超高清互动沉浸式服务的能力。"超高清沉浸式视频制播技术创新及应用"项目成果在现场采集制作领域、生产分发领域实现创新,其构建的 5G+4K+AI 超高清视频制播体系,满足了超高清视频远程制作生产及广大用户互动娱乐的需求。**

千里之外如何身临其境?试想一下,当冬奥会短道速滑赛场上选手撞线的一刹那,毫厘之间的刀锋比拼,如何能第一时间看清楚?当世界杯上足球射向球门的刹那,滚动旋转的足球,怎么能确认是否进球?当艺术演出中,舞蹈演员跳跃腾空的瞬间,如花般绽放的舞裙,又是否能看清那上面精美的刺绣图案?如今,在新技术不断发展之下,"我的眼睛就是尺"真真切切地成为现实。

自 2019 年以来,"超高清沉浸式视频制播技术"围绕视频编解码、传输、播放等领域不断孵化、沉淀,意图打破时间的界限、空间的束缚。创新技术不断为用户带来新体验的同时,也让各项赛事、演出等文化盛宴重构,彰显出艺术生命的恒久、艺术魅力的隽永。

## 沉浸式视频呈现,让电视"看得真"

1925 年,世界上第一台电视机由英国的电子工程师约翰·贝尔德发明面世。1928 年,美国的 RCA 电视台率先播出第一套电视片 *Felix The Cat*(菲利克斯猫)。从此,电视机开始改变了人类的生活、信息传播和思维方式。

进入电视时代,人类社会的信息传播从黑白到彩色、从模拟到数字、从球面到平面。同样伴随着电视转播技术的发展,大型体育赛事和文艺演出,也让电视机前

的观众越来越看得清。

据资料记载，1936年，电视转播技术首次在奥运会得到应用；1948年的伦敦奥运会，BBC第一次实现了大规模的奥运会实况转播；1964年的东京奥运会，第一次实现了奥运会的卫星实况转播；1968年的墨西哥奥运会则第一次实现了彩色电视直播。

体育赛事转播的跨越式转变，则出现在近年。2010年的南非世界杯上，第一次出现了3D转播；到了2014年巴西世界杯上，观众看到了4K视频转播；2016年里约奥运会，则开始出现8K视频转播。

然而，无论是电视节目从黑白变成彩色，还是清晰度从4K升级到8K，扁平化、二维面地观看体育赛事，都很难令观众有"身临其境"之感。

从"看得清"到"看得真"的突破，令2022年北京冬奥会受到更多瞩目。通过由中国移动咪咕公司项目团队研发的"超高清沉浸式视频制播技术"，观众可以在8K清晰度下，以VR视频观赛并自由切换视角，带来了全新的观赛新体验。

目前，中国移动咪咕公司积累相关专利超100项，2019年至今通过技术能力支撑"5G+4K/8K+VR"超高清直播超过28000场。

### 攻克技术难关，突破体育赛事转播新方式

据悉，超高清沉浸式视频制播技术主要集中在信号制作、内容制作、内容加工、内容分发、终端呈现五个环节。在现场采集制作领域，形成5G技术+广播级IP化制播+电影级实时制作在最高规格文艺现场制作的解决方案；在生产分发领域，解决超高清热点内容满足亿级用户的服务难题，形成了生产落地的分布式视频生产解决方案，提供了云观众、云包厢、远程解说、8K超大屏等超高清互动沉浸式服务能力。

依靠在视频领域技术研究和创新，中国移动咪咕公司成功完成业内首次跨广电网、电信网、互联网的自制多路大型体育赛事直播，形成了5G+4K+AI超高清制播服务体系。

"作为技术团队，在此次冬奥期间，我们不仅进行了一些常规的技术支撑与保

障,还充分地思考如何将科技创新赋能到体育赛事中。"中国移动咪咕公司技术带头人王琦表示,为了将2022冬奥冰雪盛会更鲜活灵动地呈现在观众眼前,项目团队将我国自主知识产权的高动态范围的视频技术标准(HDR Vivid)应用到北京冬奥会赛事直播。

菁彩HDR与传统的标准动态范围(SDR)相比,在位深、色域、最大亮度、动态元数据及其调节、智能映射等多项技术参数上均存在较大优势。针对冰雪运动画面进行渲染优化,该技术可以使高亮的冰雪画面层次更丰富,画面质感更细腻,运动员主体更突出,还原更真实的视觉效果。

HDR Vivid 版本与 SDR 对比图

实际上,在2021年欧洲杯相关活动中,项目团队首次进行了HDR Vivid的示范应用。相比SDR,HDR Vivid主观体验提升明显。但当时是通过硬件解码的方式实现,部分手机芯片解码对HDR Vivid标准不支持,HDR Vivid仅能在少部分手机上呈现。

为了解决这个应用范围窄的问题,项目团队不断探索,最终实现了移动端HDR Vivid软渲染的解决方案,拓展了HDR Vivid的应用范围,在2022年11月开始的卡塔尔世界杯中,实现了HDR Vivid的全场次直播规模化的商业应用。

此外,在面向体育、文娱等直播内容生产场景,满足PGC/PUGC/UGC直播内容生产形式,中国移动咪咕公司锻造出现场采集、生产分发、终端播放端到端制播核心技术，支持 AVS3/HDR Vivid 国家自有知识产权标准，形成体系化、场景化、智能化的超高清视频制播服务能力。

**创新技术加持，探索线上演出新业态**

当前，演艺行业正在利用 4K/8K 超高清音视频技术和互联网平台，为观众提供丰富的线上节目类型，打造"线下线上融合、演出演播并举"新模式。

实际上，超高清云上演艺不仅让观众享受到了新的观演模式，也让技术创新得到进一步的提升。

2021 年 6 月 28 日，为庆祝中国共产党成立 100 周年，大型情景史诗《伟大征程》在国家体育场（鸟巢）盛大举行，演出遵循编年史表述，综合运用多种表演艺术与技术手段，结合多媒体和光影艺术，生动展现了中国共产党百年来带领中国人民进行革命、建设、改革的壮美画卷。

在《伟大征程》演出中，项目团队将全球首创的"戏剧表演 5G 即时电影拍摄"技术应用到现场表演中，实现了"即时摄影、瞬时导播、实时投屏"创新构思，助力文艺演出焕新表达，以技术+文化讲好中国故事。

"整个演出都要保持高度地投入，对技术要求很高。"回忆起《伟大征程》的转播，王琦仍十分清楚地记得当时技术的复杂和难度，对最终高度完成演出任务，整个项目团队的成员都十分骄傲和自豪。"当时针对极其复杂的场地限制条件，我们设计多适应性力学桁架，解决高空俯拍、低空仰拍等多种拍摄姿态的机位固定与架设对焦问题。"

回忆起《伟大征程》的转播，王琦提到项目团队还要通过电动升降工程，对 120 台机位 360° 环绕拍摄支架进行中心点对焦调试，以满足导演组在多种不同场地下的不同视角摄录要求。

同时针对现场大屏幕投放及央视电视转播需求，要提供 6000×4000 分辨率原始序列帧合成及后期插帧防抖制作，所抓取的 141 组高难度舞蹈动作最终成片具备 6K 清晰度单反画质，对后期二次创作需求提供了最大的发挥空间。

不可否认的是，将 4K/8K 超高清技术、优质节目内容、优越传输能力叠加融合，不断提升节目内容质量和直播品质，不仅增强了演艺推广影响力，也让更多观众感受到高雅艺术、精彩赛事的魅力，对拉长和丰富演艺产业链具有重要意义，同时还助力演艺业态创新和数字化升级。

**沉浸式视频面临挑战，未来发展值得深入探索**

对于广大用户而言，超高清沉浸式视频制播技术带来了更多样式的娱乐和消费体验，多屏同看、云观众、云包厢、大V解说等多种复合场景服务，令体验更加丰富。

如云观众，基于5G网络高带宽、低时延特性，可实现多人视频连线画面的实时收录和呈现，并在现场线下展示的端到端能力。用户可以通过内嵌的云呐喊功能，为球队加油，并实现直播间互动。

再如云包厢，就是基于用户的社交关系共同观赛、观影，打造"陪你一起看"的应用场景。通过内容同步播放能力，实现覆盖赛事、娱乐现场、电影、电视剧、综艺等各类内容的边看边聊能力。

可以说，超高清沉浸式视频制播技术应用聚焦于超高清视频、全景式音频以及更具沉浸感的终端设备，将极大发挥视频内容的优势，制作和传输更高质量、更强沉浸式体验的内容，结合超高清电视、环幕屏等各种形态的新型终端，从而让观众获得前所未有的沉浸式的感官体验。

但随着新技术的发展，人眼对沉浸式视频的要求也会更加苛刻，受众也将会希望体验到更高级的视听享受。综合来看，当前超高清视频也面临一些技术和商业上的挑战，具有产业链长、涉及范围广、跨领域综合性强等特性。

首先是产业链涉及核心元器件、核心设备、服务与应用层等多个上下游行业和企业；其次，超高清视频作为融合采集、制作、传输、终端、内容、应用等多个节点的综合性产业，需要编解码、图像画质处理、终端主控、采集设备主控、存储、显示驱动、通信等多品类芯片的支持；最后，国产化技术标准应用也亟待建设。

面对这些挑战，项目团队也提出了相应举措，包括通过与上下游企业进行项目合作、建立研发基地或者解决方案来拓展自身超高清视频业务，同时融入超高清产业的"链式"发展模式，通过与华为等国内企业的合作，以8K芯片产品形成用户需求牵引技术创新、技术成果高效转化的良性互动。

而且，项目团队联合了北京大学、上海交通大学将我国全自主知识产权的AVS3编解码标准首次落地应用在移动端直播场景。相比其他编码标准，AVS3率先发布了面向8K超高清视频的新一代编码标准，编码性能与国际视频编码标准HEVC相比，不仅具备独立的知识产权，性能也提升接近30%。

"目前我们的研发能力布局还需优化，面向元宇宙等新场景新业务新需求的能力还需不断构建。"王琦提到，如比特转播、编解码技术还不完善，如何将产研优势、生态优势转化成高质量成果产出优势，提高用户体验，将是现阶段研究的目标和方向。

未来，项目团队还将基于中国移动"连接+算力+能力"，以自主掌控、自由探索、即时交互、实时在线为现阶段体验标准，努力实现以数促实、以数助实、以数强实、数实融合，奋力担当元宇宙科技创新国家队，打造元宇宙时代新场景新体验。

超高清沉浸式视频制播技术创新及应用

科学技术进步奖二等奖

# 为实体零售业升级
# 输送"多点"工具集

撰文 / 李晶

为响应国家关于"加快数字经济发展""产业数字化转型"等战略，满足传统实体零售数字化转型的需求，改变传统零售管理模式无序、精细化程度差、流通效率低以及应急响应能力弱等现状，本项目在数据化驱动、模块化部署、云端化聚合的设计思路指导下，通过研发商品管理决策技术、商品智能陈列技术、软硬件一体化的门店作业技术和智能应急履约技术，打造出了国内领先、国际一流的数字化赋能系统。

全球实体零售行业整体正在进入数字化时代，但相比电商而言，这样的转型还是迟了一些。当前，年轻一代的客群已经习惯线上的购物方式，实体零售商要进一步转型去触及这部分客群。同时，实体零售商尚缺少多终端的引流，选品策略、商品陈列大多还是来自此前的线下销售经验。放眼零售业的整个产业链条，自上游的品牌供应商到零售商，最终触达用户，需要一段较长的时间，尤其是商品到客户的链条很长，容易导致渠道精准触达能力的缺乏。

事实上，从整体的市场份额来看，电商的销售份额只占一小部分，实体零售商所占比例仍然很大。那么当后者向数字化转型时，从数据处理、决策支持及门店管理等单一方面均存在待解的问题。

具体而言，在数据处理方面，实体零售商基本以传统企业资源计划系统（ERP）为主要的信息管理工具，对企业内部数据的分析和利用容易形成数据孤岛，同时对外部数据的采集、聚合、挖掘不足；在决策支持方面，实体零售商应用互联网技术和智能决策算法较少，反而对过往的人工决策经验过于依赖，因而难以掌握和应对顾客快速变化的需求；在门店管理方面，实体零售商易采用条形码、电子秤等简易

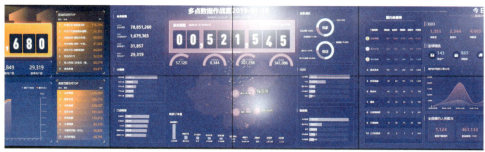

多点 DMALL 数据作战室

方案，无法实时、准确、全面管理、监控门店和商品，导致运营效率受到影响。

本项目关注商品管理决策、商品智能陈列、一体化门店作业和智能应急履约等多个技术层面，实现了实体零售商品流通业务数字化的多项创新。通过对传统零售场景进行深入研究，并由此抽象出系统化解决方案，项目实现了灵活适应多场景的业务需求，快速响应业务的变化，支持不同经营模式的零售企业按需使用全部或部分系统模块。目前，相关技术已覆盖仓储式大卖场、传统卖场、综合超市、便利店、品牌专卖店等国内外不同经营模式的零售企业，并在全球130多个商家的超过15000个实体门店落地应用。消费者端 App 的月活跃用户连续四年位居易观国际等机构中生鲜电商类榜首。

### "一物一码"打造全流程数字化管理

商品的流通要经过生产制造、仓储物流、销售渠道等各个环节，对商品进行全流程的管理是非常复杂的。如今，使用本项目的"智能商品管理决策技术"，只需设置一个二维码，就可对单一商品实施"一物一码"的管理方式，通过采集数据，结合数字化供应链和陈列等技术，精确地监控商品在零售流通链路中的各个环节，精准地掌握每个流通场所、每款商品的关键指标，从而有效提升了商品流通的效率，更使得商品全链路可以跟踪。

生产日期、保质期均属于商品效期的范畴，通过大数据的分析、监控和预警技术，本项目可实现自动化精准识别拉动销售效果低或临期的商品，有效降低库存成本和商品损耗，从而提高管理效率和经营利润。中国连锁经营协会于2019年发布的《中国零售业供应链优化手册》显示，我国零售业的果蔬平均损耗率为20%，采用本项目技术后，果蔬等商品的损耗率可降低到3%以下。

实体零售商的进货方案需要适时调整，要考虑销售趋势、季节趋势、节假日影响、促销等因素，也要结合供应商的送货日程、交付天数等客观情况。将这些因素进行数字化的输入及分析，即可提供精准的需求预测。

以补货为例，传统方式需要经过人工盘点等流程，补货周期较长；采用本项目的"商品自动补货技术"后，在连续监控到库存水平和需求有缺口时，将自动发出采购订单。同时，因实现了零售商与供应商的信息实时互通，双方在补货、促销等工作上可实现协同办公，同时降低双方的库存压力，减少供应链整体库存成本。数据显示，使用该技术后，门店缺货率已从7%降至2%。

**"千店千面"实现门店差异化选品**

以往的门店商品在摆放布局方面相对趋同，形式较为单一，但客群在线下可以根据自己的经验快速找到所需的商品货区。线上门店如何快速定位客户的喜好呢？采用本项目进行数字化升级后，基于客群喜好的大数据分析会形成"深度兴趣融合模型"，并应用到品项数规划、品项数智能调整和商品排序中，真正做到了"千店千面"，可实现每个用户浏览的商品组合清单定制化，且支持门店精准选品。

在大数据的加持下，门店商品的陈列位置和数量也要"有据可依"。首先是以人工配置陈列规则为基础输入，基于商品销售数量、金额、毛利率和所占货架资源数据的分析，决定商品的陈列位置和数量。如根据各门店商品的尺寸、图片、门店布局图等基础数据，生成陈列规划。图画布将直接模仿线下的陈列效果，避免靠人为想象造成的商品陈列误差；同时，陈列系统和上游商品系统打通，有新增、淘汰、替换时会及时提醒商品更新图示，无须核对新增汰换商品清单。据了解，这一技术可为实体零售商节约陈列规划制图人员38%，且陈列商品牌面的准确率达95%以上。

采用本项目开发的智能陈列技术，还可以结合历史陈列、交易等数据，智能选择各个货架的陈列商品，制定多个时间阶段的陈列规划。通过陈列管理，商品陈列工作实现了可视化和在线化，为从总部规划到门店执行以及执行后检核的业务闭环提供支撑。

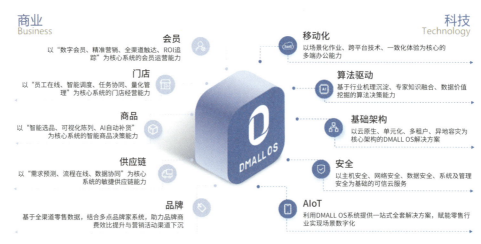

多点 DMALL 系统优势

## "软硬兼施"一体化门店作业

以大数据、机器学习、物联网等多种技术为基础，本项目通过软硬件结合方式实现了一体化门店作业技术。一体化门店作业技术在智能购物车、智能能耗管理、智能称重、智能防损等技术领域实现了创新。

线下门店的购物设备中不能缺少购物车，而智能化的购物车让购物更加简便。当顾客使用智能购物车时，车载的重力传感器可提供称重对比，判断商品重量是否在合理范围内，防止漏扫、夹带等异常出现，自主称重结账技术还提高了商超收银的效率。智能购物车设置了智能锁和二维码，避免了投币等物理方式解锁的烦琐。

散装商品需要单独称重才能够顺利购买。传统的条形码电子秤需要人工记忆或手动查找商品PLU码，不仅员工培训成本高，易出错且效率还低。智能称重技

智能拣货

术通过采集商品图像，运用视觉算法识别商品，实现了商品信息与价格的自动匹配，大幅提高了商品称重效率。目前这一识别技术的分类正确率可以达到90%以上。

门店零售的损耗包括设备能耗与商品损耗等。针对设备能耗，本项目开发了算法智能控制设备的使用场景，可降低设备能耗10%～30%。为智能购物设备安装防损摄像头，则可以通过图像识别和视频识别技术鉴别商品异常状态和顾客的异常行为，并及时通知门店防损人员进行处理。

由于综合运用了人脸识别、动作识别、商品识别、语音合成、图像分析、视频挖掘、智能能耗管理等技术，本项目已形成了门店作业数字化、管理智能化和购物更便捷高效的系统化解决方案。

多点 DMALL 自助购设备

### "客店兼顾"智能化应急履约

一旦原有多层级的分销体系难以实现快速响应，零售商的履约能力会面临巨大的挑战。在需求剧烈波动、物流大面积不畅等重大事件面前，本项目中涉及的"智能分销网络重构技术"显示出了独特的优势。

如新冠病毒疫情暴发初期，"智能应急履约技术"在物资运送的过程中就体现了自己的实力。尤其是武汉封城时期，根据该技术对"分销网络重构"的设计所实施的物资运送，实现了"4 小时打通雷神山火神山物资供应链"的行业记录，解决了广大医护人员在生活物资方面的后顾之

忧，并在后续的抗疫过程中，有效地支撑了武汉中百、北京物美、上海麦德龙等实体零售商的抗疫保供行动。

事实上，"智能分销网络重构技术"是基于历史门店销售和商品物流信息，实现灵活调整分销系统上下游商品部署，打造源头快速采集、区域集中保供、饱和式配送等应急履约的能力。

履约的起点是客户的订单。从接单的一刻开始，本项目的智能订单分配和拣货就要开始运行。该技术首先将订单信息进行汇总，计算出拣货人员的工作负载、打包台闲置空间情况、区域配送能力，并结合业务规则制订出最优的拣货计划。为实现库存与订单的动态平衡，该技术还将基于仓库和门店的地理位置、历史销售、库存信息等数据，预测未来单位时段订单最大的承载量，从而优化分配、管控和调整门店订单。

拣货完成后，订单进入送货过程。"智能履约调度技术"将基于路径信息数据、客户收货信息数据、订单时效规划、配送员状态与历史配送熟练度等数据，实时制定调度规划，制定当前的最优调度方案。相比传统的按需排单方式，这一技术的应用对实体零售店订单履约效率实现了提升，且兼顾了门店收益及客户的满意程度。

综合上述四方面的创新，"面向实体零售商品流通业务的数字化技术及应用"项目运用大数据、云计算、人工智能等数字技术，实现了为传统企业赋能，助力数字经济与实体经济深度融合，也为零售业改革提供新的思路。

因本项目通过"工具集"的方式，针对零售全过程可逐一提供相关技术的支持，目前本项目已帮助北京物美等实体零售商实现全面数字化转型，实现了用户到店、到家、到社区的新型消费体验，助力包括老年群体在内的各年龄段人士掌握数字技能应用，增强了人们的数字素养。在国际方面，本项目也与麦德龙集团、DF集团、7-11等国际零售排名前列的企业达成合作，为全球视野下的数字零售提供一份中国方案。

面向实体零售商品流通业务的数字化技术及应用

科学技术进步奖二等奖

# 让餐厨垃圾变废为宝的"神奇工厂"

撰文 / 贾朔荣

在北京市门头沟区潭柘寺镇鲁家滩村南，有一座占地面积超 1 万平方米的"神奇工厂"——工厂里你能看到整洁的厂房和设备，一条条架设起来的封闭管道，但鲜少能遇到工作人员。40 辆"统一着装"的垃圾清运车来回穿梭，承载了北京门头沟区、石景山区全部餐厨垃圾清运工作。这座本应"脏乱差"的工厂内没有一丝异味，在科技的加持下，不断让餐厨垃圾"变废为宝"。

大家好，我叫"厨小余"，是今天故事的主人公。说出我的名字，很多人会立刻想到脏、乱、异味，甚至把我与臭名昭著的"地沟油"联系到一起。聪明的你可能已经想到了——没错，我就是人类社会每天大量产生的餐厨垃圾！因为妥善处理不易，我一度被冠上了种种"恶名"。但是，在位于鲁家山的一座"神奇工厂"中，我在一系列高科技手段的帮助下，华丽变身为生物柴油、生物有机肥、沼气等"宝贝"。

今天，让我带领大家走进我的生活，一起揭开这座"神奇工厂"的神秘面纱吧！

## 物联网赋能，餐厨垃圾实现智慧收运

在讲述我的故事前，首先需要明确：我是来自餐饮单位的厨余垃圾，通俗而言，就是饭店的剩菜残羹；而我的朋友家庭厨余，则指大众家庭生活中产生的厨余垃圾。

"前一秒还是佳肴，后一秒变成垃圾"很好地概括了我们的处境。据统计，我国餐饮业规模已超过 4 万亿元，每年产生的餐厨垃圾数量非常庞大，仅北京市每年就产生约 80 万吨餐厨垃圾。过去，人们通常以填埋、焚烧的方式处理餐厨垃圾。这两种方式确实可以达到一定的处理效果，但无法实现资源的回收再利用，处理不当还容易造成二次污染。随着体量越来越大，我们变成了让人头疼的难题。

餐厨垃圾收运车辆

2018年7月,作为北京市鲁家山循环经济(静脉产业)基地重点项目之一的"北京首钢餐厨垃圾收运处一体化"项目建成并启用,我们的处境发生了根本性转变。首钢环境产业有限公司作为项目实施单位,通过自主研发及集成创新,在餐厨垃圾处理过程中引入智能收运系统并实现资源化、无害化、减量化处理,探索出了崭新的餐厨垃圾处理"鲁家山模式"。

如今,我们餐厨垃圾"出生"后,首先要经过餐馆工作人员严格的垃圾分类,之后进入带有标签磁条的垃圾桶。可别小瞧这些不起眼的黑色标签,它们是每个垃圾桶的"身份证",借助它们,工厂不仅能方便地与餐企进行结算,也能对未妥善进行垃圾分类的餐企开展实时溯源。

分类工作全部就绪后,我们就会由鲁家山工厂派来的收运车接走。对,就是这辆"绿皮车"。别看它外观与正常货车无异,里边却安装了各种"黑科技"。通过车内的4个摄像头及车载称重系统,结合物联网、人工智能、GIS等技术,鲁家山工厂的工作人员可通过综合指挥平台，对车辆驾驶人员工作状态、车辆运行路线、垃圾承载量、已收餐企数量及信息进行动态监管，并可及时根据实际情况调整收运路线，或者及时调配车辆，做到对服务区域内餐厨垃圾收集、运输、处理的全过程监管。

此外，通过与相关部门联动，综合指挥平台还能全面显示服务区域内餐企数量及详细情况，并根据上周收运平均值动态预计本周餐厨垃圾量，真正做到了可控、可溯源，实现"智慧收运"与"智慧化高效管控"。

### 多工艺集成，餐厨垃圾实现"华丽变身"

经过前期的智慧化收运，我们终于踏入"神奇工厂"，完成变身的关键时刻。

我们"坐车"穿过两道卷帘门，完成卸料和沥水后，首先进入工厂中全封闭的巨型管道，在这里，我们进入"预处理"阶段。工作人员只需要在中控室对生产系统进行远程操控，我们就会按照系统设定，通过"三次除杂、两次除砂、两次提油"，开启华丽的"变身之旅"。

你们知道吗，我们可喜欢这里的巨型全封闭管道了，它们不仅可以最大限度地减轻对环境的污染、避免产生异味，还能实现全流程的智慧化操作。

预处理系统主要由接料装置、大物质分拣机、精分制浆机、除砂除杂设备、卧式离心机、立式离心机、螺旋输送机组成。当我们进入分拣机后，分拣机首先分拣大于60毫米的杂质，然后分拣大于20毫米的杂质；制浆之后我们会进入提油系统，实现油、渣、水三相分离。

分离产生的工业粗油脂可进一步销售到有资质的生物柴油生产厂家，成为制备生物柴油的原料，从根本上杜绝"地沟油"回流到餐桌。废渣和废水则进入后续处理工序：废渣可通过好氧系统变成生物有机肥，其中有机碳与氮磷钾是很好的营养物质，可用于园林绿化及农业生产；废渣还可以与废水一起通过厌氧系统把其中的有机质转化成沼气，在厂区内部实现协同利用，厌氧后的沼液则通过水处理系统生成再生水，实现无害化和资源化处理。

在整个处理过程中，系统将"预处理+双向复合微生物高温好氧发酵+中温厌氧发酵+两级生化沥液处理"等高混杂餐厨垃圾全流程、规模化处理技术相结合，在有效降低处理能耗、杂质残留及有机质损失的同时，构建了工业粗油脂、生物有

综合指挥平台界面

机肥、沼气、再生水等多元化产品体系,真正实现餐厨垃圾的精细化处理与深度利用。

高温好氧,中温厌氧?这几项看起来复杂的技术都是什么,具体发挥何种作用呢?

简单来说,这里的"厌氧"是指严格绝氧,包括氧化性物质;"好氧"则指氧气充足,可供好氧微生物利用。对应到处理阶段的具体环节,"高温好氧"工艺主要用于水油渣三相分离后的渣相处理,即在发酵过程中,将温度控制在56℃以上,在微生物干预的情况下,将渣相分解、"烤干"。而"中温厌氧"工艺主要用于消化分解水相与渣相中的有机质,转化为沼气,实现能源化。

至于两级生化沥液处理,则主要用于厌氧后的沼液处理。沼液中除了有机物,还有一部分含氮污染物,通过微生物在好氧和缺氧两种环境下生长繁殖,将里边所含污染物分解,并最终产生二氧化碳、氮气,避免造成环境污染。

"神奇工厂"集成了预处理系统、生化处理系统、污水处理系统、除臭系统及相关配套设施,通过系统协同运转,真正实现餐厨垃圾全流程处理、零污染排放、无异味产生,服务区域餐厨垃圾应收尽收、日产日清的目标。

通过上述一系列环节,我厨小余的变身就算全部完成了,从人人嗤之以鼻的废料垃圾,变成输送给各行各业的"宝贝",全程不造成任何污染和异味,是不是很神奇?

北京首钢餐厨垃圾收运处一体化项目,通过先进的物联网信息化技术实现了对餐厨垃圾收集、运输、处理的全过程管理，并取得了良好的经济、生态、社会效益。项目自2016年12月30日开工建设，2018年7月建成并开始试运行，至2021年年底累计收运量超15万吨，累计处理量超18万吨，得到了市区各级政府部门及收运餐企的高度肯定。

**可复制推广，打通垃圾处理"最后一公里"**

北京首钢餐厨垃圾收运处一体化项目投产应用后，不仅解决了石景山区、门头沟区餐厨垃圾的规范化管理和去向问题，同时接收西城区等地的部分餐厨垃圾进行处理，有效缓解了北京市餐厨垃圾处理设施能力不足的问题。项目具有良好的经济性、安全性，实现了资源与能源的合理利用。

同时，项目还取得了良好的公共宣教效应。自投运以来，厂区接待来自学校、社区、企业、政府等社会各界人士参观交流，对促进公众环保意识提升，促进生态文明建设理念树立起到了积极作用。

2020年5月1日起，新版《北京市生活垃圾管理条例》正式实施，厨余垃圾处理需求增多，仅2021年，北京市厨余垃圾产生量就高达200万吨，较分类前提高近2倍。鲁家山项目于2018年投运时，设计处理能力为每天100吨。为了应对逐渐提升的垃圾处理需求，同时实现对餐厨及家庭厨余垃圾的全过程处理，项目正积极开展二期建设。处理能力将增加至400吨/天，其中餐厨垃圾200吨/天，家庭厨余垃圾200吨/天，主要覆盖门头沟、石景山、西城等区产生的厨余垃圾，做到"当日产生，当日全量规范化处理"。

说到这里，想必大家对我厨小余的态度也已经发生了转变。为了更好地保护赖以生存的家园，我们应充分认识到垃

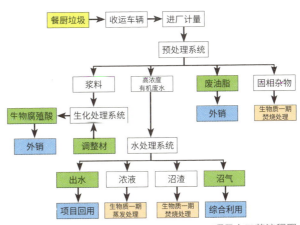

项目主工艺流程图

项目负责人在工厂内检查设备运行情况

综合指挥平台界面

圾分类的重要性。以厨小余的"变身"过程举例：过去，厨余垃圾中经常混杂废旧筷子、菜板、玻璃瓶、塑料袋等杂质，这部分比例可达30%以上；垃圾分类实施后，杂质所占比例大大降低。垃圾品质提高了，不仅能减少对机器的损耗，也能最大限度提高后续处理效率。

天清水蓝、整洁美观，随着"鲁家山模式"的逐步推广，越来越多的厨小余及同伴将"华丽转身""变废为宝"。让我们与厨小余一起，积极争做垃圾分类的先行者、践行者和传播者，养成分类投放垃圾、践行绿色消费、节约能源的良好生活习惯，打造人与自然和谐发展的绿色家园。

**获奖情况**

厨余垃圾资源化处理全流程关键技术与应用

科学技术进步奖二等奖

# 给"胖娃娃"分类分层
# 精准识别代谢高风险儿童

撰文 / 吕冰心

孩子正在长身体，胖一点没事儿？殊不知肥胖对儿童青少年的健康影响，远比大家想象中严重得多。"儿童青少年肥胖不同代谢类型的精准识别和预警新体系的建立及应用"项目针对儿童肥胖的流行、危害和机制，研发了预防儿童肥胖的综合干预技术，解决了多中心、大规模人群儿童肥胖技术的瓶颈问题。

---

如今的幼儿园、中小学校园里，"小胖墩"的身影越来越多。有不少家长认为，"孩子正在长身体，胖一点没事儿"。然而长得胖不等于养得好，肥胖对儿童青少年的健康影响，远比大家想象中严重得多。

首都医科大学宣武医院内分泌科主任医师高珊介绍，肥胖是 2 型糖尿病和心血管疾病最重要的危险因素。目前，我国已成为（儿童）肥胖人数最多的国家。我国学龄儿童超重肥胖率接近 20%，人数高达 3500 万人，增长迅猛、危害严重。"健康中国 2030"目标要求：儿童青少年超重肥胖率年均增幅力争下降 70%，可谓责任重大。

儿童肥胖具有轨迹效应，防治儿童肥胖就是防止成人慢性病的提早，防治窗口前移刻不容缓。然而，儿童肥胖具有很高的代谢异质性，因此儿童肥胖的管理不能单纯依据体重、腰围"一刀切"的模式。

高珊和黎明教授项目组在"儿童青少年肥胖不同代谢类型的精准识别和预警新体系的建立及应用"项目中，提出了肥胖不同代谢类型新概念，为儿童肥胖早期精准防控研究指明了新方向，在兼顾儿童青少年生长发育的同时，精准识别具有心血管代谢高风险的人群，并根据代谢特点对肥胖进行新的分型和干预，对发展针对性的早期防控关键支撑技术，具有重要的社会和经济意义。

项目组专家接受人民网访谈

## "小胖墩"烦恼真不少

"小胖墩"的增多，与社会经济发展、居民生活水平不断提高，以及人们生活方式的不断变化密切相关。

据报道，2015年全球12%的成年人、5%的儿童属于肥胖人群。儿童的肥胖率虽低于成年人，但肥胖率上升速度却高于成年人。中国是儿童青少年超重和肥胖人数最多的国家，约3496万。

肥胖不仅影响儿童青少年的正常生长发育，还会对心血管系统、内分泌系统、呼吸系统、消化系统、骨骼系统和心理智力等造成严重的危害。儿童肥胖本身既是一种独立的慢性代谢性疾病，也是儿童高血压、高血脂、2型糖尿病、脂肪肝及代谢综合征等慢性疾病的重要危险因素，还会增加成年期慢性疾病的患病风险。

高珊主任说："中国儿童和青少年肥胖患病率正在迅猛增加。但在这严峻形势的背后，是一个又一个真实、具体而年幼的患者。"很多肥胖的孩子早在十几岁的时候就逐渐开始出现"代谢病"，比如糖尿病、高血压、血脂异常、非酒精性脂肪肝等，甚至已经出现心肌的损害。同时，有些肥胖儿童还出现了心理障碍、学习障碍、家庭关系障碍等，严重者到了不得不辍学的地步。

## 观念更新：儿童肥胖不能只看身高体重

在一般观念里，通过身高、体重计算出身体质量指数（BMI）即可判断孩子是否达到肥胖的标准。但正确判断肥胖与否，并没那么简单。

高珊主任表示，儿童青少年的特点与成年人不一样，不能只根据身高、体重简单分类和管理，在同样身高、体重的情况下，会呈现三种不同的结果。因此，项目组提出了基于代谢的儿童肥胖新分型。

儿童肥胖具有很高的"代谢异质性"，也就是说，并非所有的"胖墩"均会发展代谢疾病。儿童肥胖的第一种情况为"代谢健康型肥胖"，即有的孩子虽然肥胖，但不存在代谢异常，血压、血糖、血脂、胰岛素抵抗等指标均属正常范围；第二种情况是"代谢异常型肥胖"，即孩子在肥胖的基础上，存在代谢异常，血压、血糖、血脂、胰岛素抵抗等指标过高的现象；此外，还有一部分孩子虽然身高、体重正常，但也会出现代谢异常，并有高血糖、高血压等代谢综合征的倾向，即正常体重的"代谢性"肥胖。

假如只根据体重或 BMI 判断是否肥胖，上述这三种不同类型的孩子就无法有效进行区分和管理。因此，"代谢健康型肥胖"新概念的提出，为儿童肥胖的治疗与管理带来了新的启示。该类型的肥胖与"代谢异常型肥胖"相比，心血管疾病的风险低，全因死亡风险显著下降。一些最新研究还发现，将"代谢健康型"与"代谢异常型"肥胖区别对待，为两组患者提供有针对性的治疗，对儿童肥胖长期预后有一定益处。

在此基础上，项目组率先建立基于代谢特点的中国儿童肥胖新分型、诊断标准、筛查、管理及精准预防新体系并推广应用，发布了首版《中国儿童代谢健康型肥胖的定义和筛查专家共识》。

在高珊看来，如何在肥胖儿童青少年中，精准识别心血管代谢高风险人群，确定干预的高危临界值，根据代谢状况对肥胖进行分层，依据肥胖个体的代谢状况给予有针对性的个体化治疗，是肥胖治疗的发展方向。这也是完成"健康中国 2030"战略中儿童肥胖控制目标赋予的使命所在。

### 终止儿童肥胖（中国）行动，拯救"小胖墩"

尽管儿童青少年肥胖的形势日益严峻，但在其干预与治疗方面还存在着诸多挑战。

适用于成人的肥胖干预治疗手段，在儿童中的应用需要慎重。儿童青少年正处于生长发育的关键时期，所以在控制儿童肥胖发展的同时，不能影响儿童身高、体重的增长。值得注意的是，儿童体重和代谢状态具有一定的可塑性，部分儿童到了

妇幼健康研究会妇女儿童肥胖控制专业委员会主任委员高珊接受媒体采访时表示,《指南》对孩子的饮食运动、睡眠、心理评估、家庭教育、社会参与学校的一些活动做了规定

青春期,肥胖程度会出现减轻或缓解。因此,把握治疗的指征,避免过度治疗十分关键。业界亟须探索合理的治疗指征,并制定有效的治疗方案。

为了拯救更多"小胖墩",项目组制定并发布了首版《中国儿童肥胖评估、治疗和预防指南》(以下简称《指南》),同时在媒体上发起了"终止儿童肥胖(中国)行动",宣讲受众达127万人次;在国际权威期刊和学术会议上展示"北京儿童青少年代谢综合征(BCAMS)"系列研究成果,发表SCI论文30篇,累计影响因子152,他引次数436次;项目成果推广至全国医疗机构(包括北京儿童医院、北京妇产医院、山东省立医院、南京医科大学附属儿童医院等)后,使广大儿童受益;此外,项目组提出的相关提案与建议还转化为政府政策、行动,为中国儿童肥胖的精准防控作出了积极贡献。

《指南》总结了1980年以来,国内外儿童肥胖的相关文献及数据,对儿童肥胖给出了评估、治疗和预防的参考建议。例如,儿童肥胖如何才能做到"早发现、早诊断"?《指南》建议:1岁以内婴儿每3个月测量一次身长和体重,1~3岁幼儿每6个月测量一次身长/身高和体重,3岁以上儿童每年测量身长/身高和体重。5岁前出现肥胖,尤其是食欲极度旺盛/极度肥胖家族史的患儿,则需进行基因检测。

如何防患于未然?预防肥胖最好的方式是人们常说的"管住嘴,迈开腿"。不仅孩子们自身需要养成健康的生活习惯,社会各群体(包括家庭、临床医生、学校等相关人员等）亦应提高预防儿童肥胖的意识，倡导健康的生活方式。高珊主任强调，应尤其注重家庭对肥胖的认识及干预，并关注农村及偏远地区儿童和青少年的营养状况。

在"管住嘴"合理膳食方面，儿童青少年需要避免含糖饮料、果汁等，避免油炸类高热量、高脂肪或高钠加工食品，控制零食，禁止酒精饮品。此外，2岁以下儿童不要进食任何添加糖的食物；2岁以上儿童每天摄入的添加糖不超过总能量的5%。规律进餐，保证每天吃早餐，增加蔬菜和水果的摄入量，进食速度不宜过快。

在"迈开腿"体育运动方面，0～1岁婴儿每天应以多种方式进行较为活跃的身体活动（如在地板上玩耍）。1～4岁幼儿每天应至少保证180分钟的活动，其中60分钟是中等甚至剧烈强度。6岁以上儿童和青少年每天至少进行60分钟中等至较高强度，且以有氧运动为主的身体活动，每周至少3天进行较高强度的有氧运动及增强肌肉和骨骼健康的锻炼。此外，儿童青少年的静坐时间应少于120分钟/天，并减少使用电子产品的时间。

除了饮食和运动之外，项目组还首次报道了儿童期睡眠不足影响成年期肥胖及心血管病风险的重要机制，指出睡眠对儿童肥胖的影响不可忽视。具体要求为：婴幼儿睡眠要有规律，婴儿每天应保持14～17小时（0～3个月婴儿）或12～16小时（4～11个月婴儿）质量良好的睡眠（包括小睡和打盹）。推荐1～2岁幼儿保持10～14小时的高质量睡眠（包括小睡和打盹）。推荐3～5岁儿童建立健康的睡眠模式，保证每天10～13小时的高质量睡眠，纠正因睡眠时长和时段紊乱导致的进食和代谢异常。推荐6～12岁学龄儿童每天有9～12小时，13～18岁青少年每天有8～10小时的夜间睡眠。建议儿童和青少年养成健康的睡眠方式，避免声、光、不适温湿度等干扰，以减少睡眠紊乱相关的热量摄入和新陈代谢变化导致的肥胖。

最后，针对儿童肥胖的具体治疗方式，项目组则给出了包含药物、手术治疗以及生活方式改变三个方面的建议。

**创新硕果累累，诊断试剂应用前景广阔**

项目组针对儿童肥胖新机制、新分型及精准防控，在自主创新、临床转化、拓展应用等方面开展了卓有成效的研究，部分成果为国际领先，部分填补了国内空白，

临床应用前景突出，社会经济效益显著。

项目建立了国际珍稀的儿童肥胖代谢异常队列，首次在中国肥胖儿童中开展不同代谢类型的精准识别和预警研究，并实现各类型肥胖对应的关键驱动因素的发现及早期预警。项目组基于2万北京学龄儿童，建立了国际珍稀儿童肥胖代谢异常队列——"北京儿童青少年代谢综合征"大型前瞻性队列，通过十年深度随访，从环境因素、遗传因素、血浆蛋白因子、代谢组到临床表型组动态数据，首次在中国肥胖儿童中开展不同代谢类型的精准识别和预警研究。

项目的另一创新点在于，基于早期发育环境和关键基因互作，为儿童肥胖的精准干预提供支撑。项目组首次报道影响儿童青少年"代谢健康型肥胖"和"代谢异常型肥胖"的关键驱动因素，并发现可以逆转风险基因效应的生活行为因素，获得国际同行积极评价。

围绕相关研究成果未来的应用转化，项目组专家黎明教授建立了国内领先的，用于评价肥胖/胰岛素抵抗的新标志物检测平台；率先开展基于脂肪因子的儿童肥胖预警新标志物的研发及转化应用；开发新标志物检测技术，如脂联素单克隆抗体诊断试剂等已形成专利，正进行诊断试剂医疗器械注册和市场生产，预期经济效益突出。

"未来，人们可以通过简便直观的诊断试剂盒对儿童肥胖作出预警和提示，就像现在我们可以自测血糖一样。"项目组专家黎明教授说。

儿童青少年肥胖不同代谢类型的精准识别和预警新体系的建立及应用

科学技术进步奖二等奖